Emmerich Fuchs

Karl Hermann Fuchs

Christian H. Hauri

Requirements-Engineering in IT effizient und verständlich

Know-how für das Management

herausgegeben von Dr. Ronald Schnetzer

Die Bücher der Reihe *Know-how für das Management* richten sich an Entscheidungsträger und Projektverantwortliche für Organisation und Informationstechnik, die ihr Unternehmen ausrichten möchten an zukunftsträchtigen Konzepten, wie sie sich in der Praxis bewähren.

Gemeinsames Merkmal der Bände ist der Anspruch, relevantes Wissen so praxisnah, kompakt, übersichtlich und verständlich wie irgend möglich anzubieten. Durchgehend erläutern dabei Grafiken den Text.

Der Aufbau der Buchreihe ist einheitlich gegliedert in die Teile Begriff, Idee, Vorgehen, Tools und Praxisbeispiele.

Die ersten Titel der Reihe sind:

Business Process Reengineering kompakt und verständlich
von Ronald Schnetzer

Workflow-Management kompakt und verständlich
von Ronald Schnetzer

Outsourcing-Management kompakt und verständlich
von Marcus Hodel

IT-Prozessmanagement effizient und verständlich
von Brigitte Anderegg

Business Excellence effizient und verständlich
von Roland Schnetzer und Michael Soukup

Weitere Titel sind in Vorbereitung.

Vieweg

Emmerich Fuchs

Karl Hermann Fuchs

Christian H. Hauri

Requirements-Engineering in IT effizient und verständlich

Die Deutsche Bibliothek – CIP-Einheitsaufnahme
Ein Titeldatensatz für diese Publikation ist bei
der Deutschen Bibliothek erhältlich.

1. Auflage August 2002

Höchste inhaltliche und technische Qualität unserer Produkte ist unser Ziel. Bei der
Produktion und Auslieferung unserer Bücher wollen wir die Umwelt schonen: Dieses
Buch ist auf säurefreiem und chlorfrei gebleichtem Papier gedruckt. Die Einschweißfolie
besteht aus Polyäthylen und damit aus organischen Grundstoffen, die weder bei der
Herstellung noch bei der Verbrennung Schadstoffe freisetzen.

Konzeption und Layout des Umschlags: Ulrike Weigel, www.CorporateDesignGroup.de

ISBN 978-3-322-89886-9   ISBN 978-3-322-89885-2 (eBook)
DOI 10.1007/978-3-322-89885-2

Vorwort des Herausgebers

„Durchschnittlich scheitern 31% der Informatik-Projekte, 52% der Projekte verursachten beinahe 200% des ursprünglich geschätzten Aufwandes und dauerten etwa 220% der ursprünglich geschätzten Zeit."

Der vorliegende siebte Band der Reihe Know-how für Führungskräfte nimmt sich dieses wichtigen Prozesses bei der Software-Entwicklung an. In der bewährten, kompakten Art und Weise werden aktuelle Themen systematisch vorgestellt. Durch den klaren und einfachen Aufbau ist es möglich, ein Thema rasch und umfassend zu bearbeiten.

Die Autoren führen in kompetenter Art und Weise in das Thema Requirements Engineering ein. Requirements Engineering verstehen sie als das *„systematische, disziplinierte und quantitativ erfassbare Vorgehen beim Spezifizieren, d.h. dem Erfassen, Beschreiben und Prüfen von Anforderungen an ein Informatik-System."* Requirements Engineering wird auch als Prozess verstanden, in dem die Anforderungen an ein Informatik-System schrittweise entwickelt werden.

Aus meiner Tätigkeit als Berater und Trainer bei verschiedenen Unternehmungen weiss ich, dass dieses Thema sehr aktuell ist. Der vorliegende Band der Autoren Emmerich Fuchs, Karl H. Fuchs und Christian Hauri liefert dazu das notwendige Wissen sowie jahrelange Praxiserfahrung. Die Buchreihe des DSC-Schmetterlings (Dr. Schnetzer Consulting AG) als Symbol für eine ganzheitliche Prozessentwicklung hat mit diesem Band eine weitere, wertvolle Erweiterung erhalten. Sollten Sie Feedback zur Reihe haben, zögern Sie nicht und kontaktieren Sie mich per E-Mail:

feedback@schnetzerconsulting.ch

Ich wünsche Ihnen, liebe Leserinnen und Leser, Hilfe auf den Weg, viele Erkenntnisse beim Studieren des Themas und beim Umsetzen viel Erfolg.

Küsnacht, im Juli 2002   Dr. Ronald Schnetzer

Vorwort

Laut einer 1995 publizierten Studie[1] wurden in den USA bis heute ca. 250 Mia. US-$ in ca. 175'000 Informationstechnologie-(IT-)Projekte investiert. Davon scheiterten durchschnittlich 31,1% Projekte, 52,7% kosteten im Durchschnitt 189% ihres ursprünglich geschätzten Aufwands und dauerten 222% der geschätzten Zeit. Als Hauptfaktoren hierfür wurden unvollständige und sich ändernde Benutzeranforderungen sowie mangelnder Einbezug und Input der Benutzer angeführt. Nur gerade 16,2% der untersuchten Projekte erfüllten die in sie gesetzten Erwartungen. Als Hauptmerkmale für den Erfolg führten die interviewten Manager Benutzerbeteiligung, Managementunterstützung und klar definierte Anforderungen auf. Diese Studie zeigt, wie wichtig klar definierte und überprüfte Anforderungen für ein erfolgreiches Projektgelingen sind.

Wir verstehen **Requirements Engineering** als einen Prozess, in dem die Anforderungen schrittweise gemeinsam mit dem Auftraggeber und weiteren wichtigen Interessengruppen erarbeitet werden. Wichtigste Erfolgsfaktoren sind die aktive Beteiligung der Interessengruppen, ein umfassendes Qualitätsmanagement bei jedem Prozessschritt und eine systematische und damit umfassende Betrachtungsweise des gesamten Arbeitssystems.

Dieses Buch richtet sich in erster Linie an Führungskräfte, die IT[2]-Projekte leiten oder in Auftrag geben. Die Autoren zeigen auf einfache und verständliche Weise, wie Requirements Engineering strukturiert und umgesetzt werden kann, um damit den Grundstein für erfolgreiche IT-Projekte zu legen. Das vorgestellte Vorgehen bietet einen praxisgerechten Leitfaden, der sich in zahlreichen Projekten bewährt hat.

Es ist uns ein Anliegen, all jenen zu danken, die uns bei dieser Arbeit unterstützt haben, insbesondere Beat Reichmuth, Christoph Hauert, Jörg Klemm, und Thomas Müller für Ihren fachlichen Beitrag. Sybille Maurer danken wir für ihr Engagement bei der Aufbereitung des Manuskripts, sowie Kerstin Gellusch für die kritische Durchsicht. Wir danken besonders Herrn Reinald Klockenbusch für seine Kooperation und grosse Geduld mit uns.

Emmerich Fuchs, Christian Hauri, Karl Hermann Fuchs

---

[1] http://standishgroup.com/visitor/chaos.htm
[2] IT: Information and Communication Technology, dt. Informations- und Kommunikationstechnologie

Inhaltsverzeichnis

Einleitung

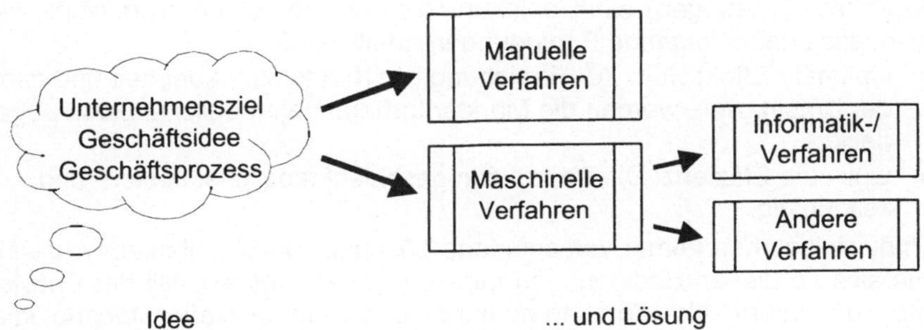

Abbildung 1: Von der Geschäftsidee zur Lösung

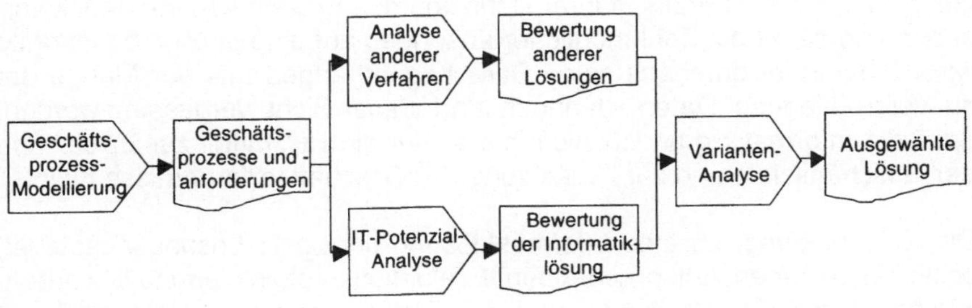

Abbildung 2: Verfahren zur Bewertung der Lösungsmöglichkeiten

Problemstellung/Ausgangslage

Erfolgreiche Unternehmen zeichnen sich durch eine treffende Erkennung von Marktbedürfnissen und durch die effiziente Realisierung entsprechender Produkte/Dienstleistungen zur Erfüllung dieser Bedürfnisse aus. Die Verfahren (Lösungen) einer solchen Realisierung sollten so gewählt werden, dass dabei folgende Bedingungen erfüllt werden:

- Optimale Effektivität: Zur Erreichung der Kundenzufriedenheit und damit der Umsatzziele werden die Marktanforderungen möglichst exakt abgedeckt.
- Optimale Effizienz: Die Produktion geschieht möglichst kosten- und zeitgünstig.

Prinzipiell stehen immer verschiedene Lösungsmöglichkeiten zur Auswahl, die sich an diesen Bedingungen messen lassen müssen. Mit der Entwicklung der Informatik oder Informations- und Kommunikationstechnologien haben sich völlig neue Chancen gerade in der Steigerung der Effizienz ergeben, sodass Informatiklösungen in vielen Fällen die Mittel der Wahl geworden sind. Es gibt unzählige Beispiele dafür, wie traditionell manuelle Verfahren mehr und mehr durch den Informatikeinsatz abgelöst werden – und sich dadurch unser tägliches Leben massiv verändert. Die Möglichkeiten der Informatik sind dabei mittlerweile so vielfältig geworden, dass viele Geschäftsmodelle bereits in ihrer Definition den Einsatz von Informatik vorsehen und damit die Zahl möglicher Lösungen auf eine einzige beschränkt wird. Dies findet durchaus seine Berechtigung angesichts der Menge der zu verarbeitenden Daten, dennoch darf dabei nicht vergessen werden, dass die Informatik grundsätzlich immer nur ein Hilfsmittel zur Erreichung der Geschäftsziele und zur Umsetzung der Geschäftserfordernisse bleibt.

Die Entscheidung, ob eine Informatiklösung der beste Lösungsansatz ist, sollte durch einen entsprechenden Evaluationsprozess ermittelt werden. Hierbei sollten das Leistungs- und das Risikopotenzial der Informatik mit dem anderer Lösungswege verglichen und bewertet werden. Oft werden die Risiken bei der Entwicklung und/oder Beschaffung einer Informatiklösung unterschätzt und erst zu einem Zeitpunkt wahrgenommen, an dem ein entscheidender Zeitvorsprung bereits verloren ist. Ein äusserst wichtiges Werkzeug für das Finden und Bewerten der richtigen Lösung ist das Requirements Engineering.

Ist für die Umsetzung einer Geschäftsidee der Einsatz einer Informatiklösung beschlossen worden, so sollten folgende Voraussetzungen für eine erfolgreiche Realisierung gegeben sein:

- Die Geschäftsidee und die zur Umsetzung notwendigen Geschäftsprozesse und -ergebnisse sind über detaillierte Geschäftsziele und -anforderungen spezifiziert.
- Die Geschäftsanforderungen enthalten möglichst wenige Vorgaben bezüglich technischer Lösungen.
- Es sind Fachkompetenzen vorhanden und verfügbar, die aus diesen Geschäftsanforderungen die entsprechenden Informatikanforderungen ableiten können.

Wie die Praxis zeigt – und es in vielen Fachbüchern[3], Fachartikeln und Untersuchungen[4] immer wieder angesprochen wird –, fehlt es gerade an diesen Punkten:

Die IT-Anforderungen
- sind nicht vollständig
- entsprechen nicht den wahren Bedürfnissen des Auftraggebers oder der Benutzer
- sind zu vage (lassen den Systementwicklern zu viel Interpretationsspielraum)
- führen damit zu Fehlentwicklungen/Fehlverhalten des Systems
- sind für eine Systemabnahme ungeeignet

Die nächsten "24 Schritte" beschreiben in Form eines Leitfadens die Techniken zur Professionalisierung der Anforderungsanalyse und Spezifikation.

---

[3] z.B. in Partsch 1998
[4] http://standishgroup.com/visitor/chaos.htm

Ziel und Aufbau

Aufgrund der angesprochenen Probleme verfolgt dieses Buch folgenden Zweck:

- Qualitätsmerkmale von Anforderungen vorstellen
- Vorgehensweise bei der Anforderungsdefinition aufzeigen
- Strukturierungs- und Beschreibungsmuster erläutern
- Geeignete Modelle/Methoden/Techniken/Werkzeuge vorstellen

Zunächst wird die Differenzierung von Zielen und Anforderungen mit den dazugehörenden Qualitätsmerkmalen erläutert. Anschliessend stellen wir ein ganzheitliches Vorgehensschema vor. Die darin enthaltenen Schritte werden hinsichtlich ihrer Anwendung mit passenden Methoden beschrieben und anhand des Fallbeispiels "Seminarorganisation"[5] auch plastisch dargestellt.

Danach wird der Einsatz von Werkzeugen im Rahmen des Requirements Engineerings angesprochen. Im Kapitel "Praxis" werden auf die konkrete Anwendung sowie auf immer wieder auftretende Probleme und Fallgruben eingegangen und Empfehlungen ausgesprochen.

---

[5] siehe Anhang

Begriff

1 Definitionen & Einordnung

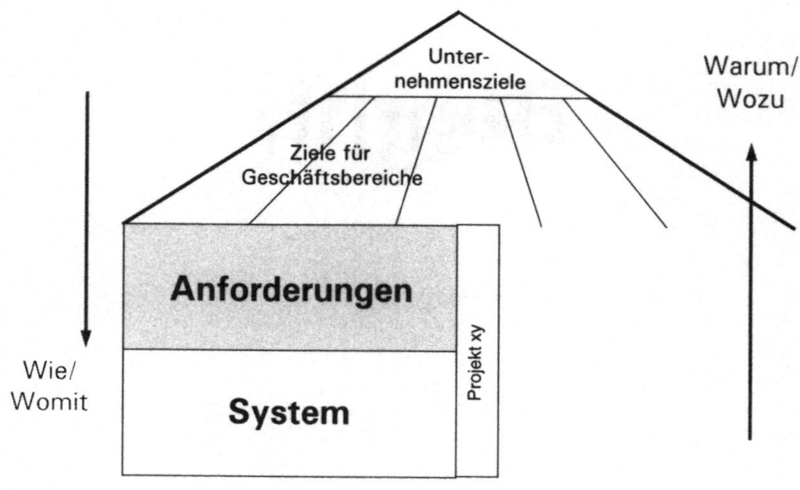

Abbildung 3: Einordnung von Zielen und Anforderungen

Ziel:

Generell ist ein Ziel ein Zustand, den man erreichen will. Im Rahmen der Entwicklung einer Lösung (= System) sollten sich die Ziele auf einen Geschäftsbereich (oder auf Geschäftsprozesse) beziehen und einen Nutzen deutlich machen. Mit den Zielen legen wir fest:

Was erreicht werden soll bzw. muss

Beispiele für Zielsetzungen der Seminaradministration (siehe Fallbeispiel im Anhang):
- Schnelle Bearbeitung der Anfragen/An- und Abmeldungen
- Keine unnötigen Arbeitsabläufe
- Einfache Stammdatenverwaltung
- Frühzeitige Infos über die Anzahl der benötigten Essen

Anforderung:

Eine Anforderung ist eine Fähigkeit (oder Voraussetzung, Bedingung, Eigenschaft), die ein System besitzen muss, um formulierte Ziele erreichen zu können. Mit den Anforderungen legen wir fest:

Was ein System leisten und welche Qualität es besitzen muss

Der Übergang von Zielen zu Anforderungen ist fliessend und auch abhängig vom Betrachtungsstandpunkt. Oft werden die Ziele auch als Geschäftsanforderungen bezeichnet und es wird auch keine explizite Trennung vorgenommen. So können z.B. "Debitorenausstände reduzieren" als Ziel und "effizientes Mahnwesen", "Verkürzung der Zahlungsfristen" als Anforderungen formuliert werden. Aber es könnte auch "Liquidität erhöhen" als Ziel formuliert und als Anforderung "Debitorenausstände reduzieren" genannt werden. Wir betrachten das Requirements Engineering ganzheitlich und berücksichtigen in den nachfolgenden Ausführungen auch die Formulierung von Zielen.

System:

In der Regel verstehen wir darunter eine soziotechnische Einheit, die miteinander in Beziehung stehende Teilen/Komponenten umfasst[6].

Beispiele für Anforderungen an ein neues System der Seminaradministration:

- Direkte Erfassung von Anmeldungen via Intranet
- Automatisches Erstellen der Teilnehmerliste
- Monatliche Honorarabrechnung für die Seminarleiter
- Das System muss leicht erlern- und bedienbar sein.

In der Praxis genügt es aber nicht, nur diese *primären* Anforderungen für ein zukünftiges System zu definieren. In der Regel müssen auch Anforderungen zu Realisierungszeit und -kosten, zur Vorgehensweise (dies wird normalerweise in einem Projektauftrag festgelegt) sowie bezüglich Installation, Support, Wartung u.a.m. (→ siehe Schritte 19 und 21) festgelegt werden.

Projekt:

Ein Projekt ist ein einmaliges und konkretes Vorhaben, gekennzeichnet durch festgelegte Bedingungen wie Termine, Kostenbudget, Vorgehensweise, Beteiligte u.a.m.[7]

Anforderungsspezifikation:

Zusammenstellung aller Anforderungen an ein System[8]. Oft werden dafür folgende Synonyme verwendet: Anforderungsdokument, Lastenheft, Pflichtenheft.

Requirements Engineering:

1. Das systematische, disziplinierte und quantitativ erfassbare Vorgehen beim Spezifizieren, d.h. Erfassen, Beschreiben und Prüfen von Anforderungen an ein System[9].
2. Verstehen und beschreiben, was die Interessengruppen
   (= Anspruchs- und Interessengruppen) wünschen oder brauchen.

---

[6] siehe auch Haberfellner et al. 1997
[7] siehe auch Patzak/Rattay 1998
[8] siehe Glinz 2001
[9] siehe Glinz 2001

2 Ziele des Requirements Engineerings

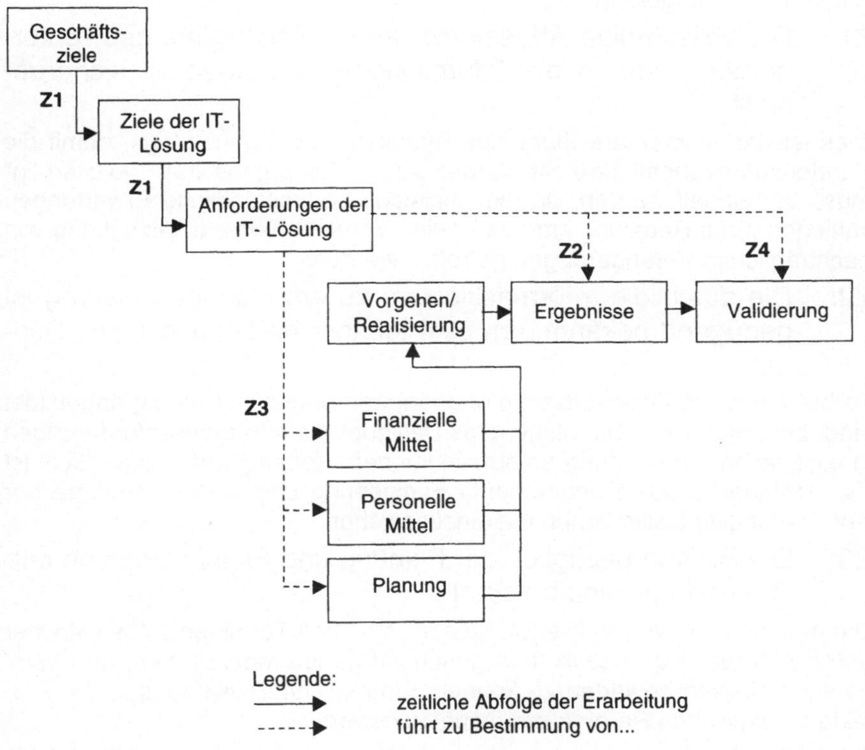

Abbildung 4: Ziele der Anforderungsanalyse

Aufgrund der grossen Bedeutung und der auch nicht zu unterschätzenden Kosten eines intensiven Requirements Engineerings sollten zu Beginn die durch die Analyse zu erreichenden Ziele genau verhandelt und vereinbart werden. Im Folgenden sind vier der wesentlichen Ziele des Requirements Engineerings aufgeführt.

Z1:   Die vollständige Abdeckung der Geschäftsziele und -anforderungen durch die Informatikanforderungen ist sichergestellt

Dies ist das elementare Ziel jedes Requirements Engineerings, damit die Kundenzufriedenheit erreicht werden kann. Die Eigenschaft "vollständig" muss verhandelt werden, da hier meistens unterschiedliche Erwartungen vorliegen. Eine Regelung kann über eine Vereinbarung zur Verwaltung von nachträglichen Veränderungen getroffen werden.

Z2:   Die durch die Informatiklösung zu erbringende Leistung ist genügend bekannt, um eine technische Lösung zu realisieren

Selbst wenn alle Geschäftsziele und -anforderungen vollständig abgebildet sind, bedeutet dies noch nicht, dass Designer die Informatikanforderungen in eine technische Lösung umsetzen können. Konsequenz dieses Ziels ist es, Designer in das Requirements Engineering und in die Abnahme der Anforderungsspezifikationen mit einzubeziehen.

Z3:   Die Risiken bezüglich der Planung und Freistellung von Mitteln und Zeit sind bekannt

Die Abschätzung von Aufwendungen, Kosten und Terminen sollte mit einer guten Anforderungsspezifikation genügend genau möglich sein, um resultierende Risiken bewerten zu können. Eine solche Zielsetzung ist für Projekte mit kritischen Parametern empfehlenswert.

Z4:   Die Prüfbarkeit der Informatiklösung ist sichergestellt

Komponenten wie Schnittstellen, Produktionsumgebung und Migrationsverfahren beeinflussen die Prüfbarkeit einer Informatiklösung stark. Da die Prüfung am Ende einer Entwicklung steht, sollte bereits während des Requirements Engineerings festgestellt werden, ob die Anforderungen überhaupt zu verifizieren sind.

Ideen & Techniken

3 Qualitätsmerkmale einer Zielformulierung

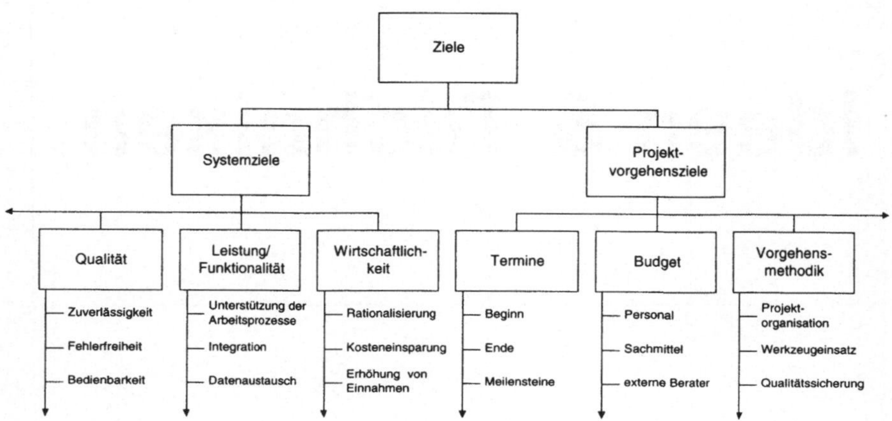

Abbildung 5: Strukturierung von Zielen

Eine fundierte, saubere Zielformulierung ist ein wesentlicher Erfolgsfaktor für das Gelingen eines Projekts. Daher sollten in einer Zielformulierung folgende Qualitätsmerkmale berücksichtigt werden[10]:

Qualitätsmerkmal	Erläuterung
Nutzen-/Wertorientierung	Ein Ziel sollte so formuliert sein, dass ein Nutzen/Wert ersichtlich ist. Statt *"sofortige Auftragserfassung"* könnte evtl. *"schnellere Kundenauftragsabwicklung"* die treffendere Formulierung sein.
Lösungsneutralität	Ziele sollten gewünschte Wirkungen/Zustände – d.h. das WAS – beschreiben, und nicht Lösungen – das WIE – vorgeben.
Messbarkeit	Jedes Ziel sollte so präzise formuliert sein, dass eine Zielerreichung festgestellt werden kann. So sollte z.B. das Ziel *"schnellere Kundenauftragsabwicklung"* um einen Massstab ergänzt werden: *In 85% der Fälle ist die Ware innerhalb 24 h beim Kunden.*
Vollständigkeit	Ein Zielkatalog sollte die Ansprüche aller Interessengruppen berücksichtigen.
Strukturierung	Eine Liste von Zielen für ein Projekt kann sehr schnell umfangreich und unübersichtlich werden. Es empfiehlt sich daher, die Ziele zu strukturieren. Dies kann gemäss Abbildung 5 erfolgen.
Gewichtung	Durch eine Gewichtung soll die Wichtigkeit/Priorität hervorgehoben werden. Dabei wird zunächst eine Aufteilung in Muss- und Sollziele vorgenommen. Anschliessend werden für die Sollziele noch Gewichtungszahlen vergeben.
Widerspruchs- und Konfliktfreiheit	Die Ziele müssen hinsichtlich ihrer Beziehungen untereinander untersucht und allfällige Widersprüche/Konflikte entschärft werden. Beispiel eines möglichen Konflikts: *Ziel 1: Systemverfügbarkeit 24 h* *Ziel 2: keine Erhöhung der Betriebskosten*

Neben den oben aufgeführten Qualitätsmerkmalen sollten auch die allgemein gültigen Kriterien für eine gute Dokumentation[11], wie z.B. Verständlichkeit, Aktualität, Identifizierbarkeit u.a.m., berücksichtigt werden.

---

[10] siehe auch Haberfellner et al. 1997, Böhm 2001, Rupp 2001
[11] siehe Wallmüller 2001

4 Qualitätsmerkmale einer Anforderungsspezifikation

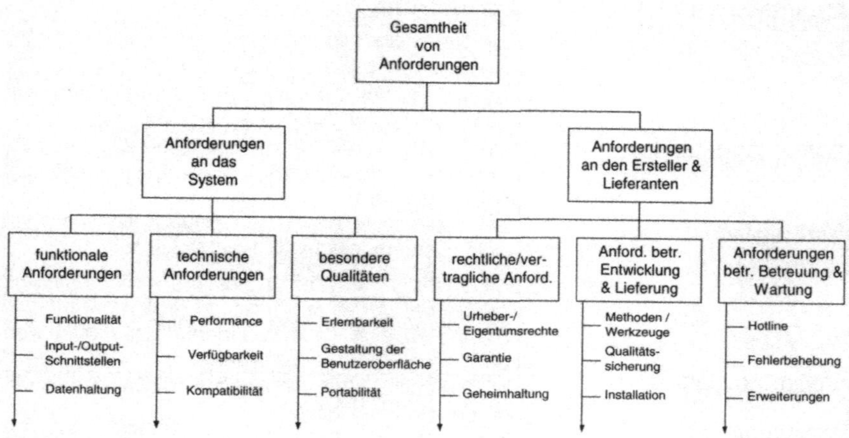

Abbildung 6: Strukturierung von Anforderungen

Analog zur Zielformulierung gelten auch für eine gute Anforderungsspezifikation Qualitätsmerkmale[12].

Qualitätsmerkmal	Erläuterung
Adäquatheit	Korrekte Beschreibung der von den Interessengruppen geforderten Eigenschaften des Systems
Vollständigkeit	Es ist alles zu beschreiben, was die Interessengruppen vom System erwarten.
Verständlichkeit	Ist deshalb wichtig, weil an einer Anforderungsspezifikation verschiedene Personengruppen wie Auftraggeber, Benutzervertreter, Ingenieure, Lieferanten, etc. beteiligt sind.
Widerspruchsfreiheit	Sonst ist die Spezifikation nicht realisierbar.
Eindeutigkeit	Fehler resp. falsche Entscheidungen, die durch Interpretationen/Annahmen entstehen können, werden dadurch vermieden.
Prüf-/Testbarkeit	Die Anforderungen müssen prüf-/testbar sein, d.h., im Rahmen einer (System-)Abnahme muss festgestellt werden können, ob das System die geforderten Anforderungen erfüllt.
Kritikalität	Es soll ersichtlich sein, wie kritisch (wichtig) gewisse Anforderungen sind. Dies fördert die Sensibilisierung und in diesem Sinn auch die Qualitätssicherung.
Gewichtung/Priorisierung	Im Rahmen von Kosten-Nutzen-Betrachtungen/Variantenentscheidungen soll klar sein, auf welche Anforderungen verzichtet werden kann.
Identifizier- und Referenzierbarkeit	Dadurch werden die Herkunft und Verfolgung von Anforderungen ersichtlich. Gerade wenn es laufend Änderungen bei Anforderungen gibt, ist dies eine grosse Hilfe.

Ebenfalls gelten hier auch die Kriterien für eine gute Dokumentation.

---

[12] siehe Glinz 2001, Rupp 2001

5 Techniken zur Formulierung der Ziele und Anforderungen

Techniken	Zielformulierung	Anforderungs-spezifikation
Informationsbeschaffungs-techniken	●	○
Ursache-Wirkungs-Analyse	○	○
Kreativitätstechniken	●	
Priorisierungs-/Gewichtungs-techniken	●	●
Modellierungstechniken		●
Prototyping	○	●

○ = unterstützend   ● = direkt anwendbar

Abbildung 7: Überblick über Gruppen von Techniken

Für das systematische, disziplinierte Vorgehen ($\rightarrow$ Requirements Engineering) sollten adäquate Techniken (in der Fachliteratur oft auch als Methoden bezeichnet) eingesetzt werden. Nur so können die vorhin aufgeführten Qualitätsmerkmale der Ziel- und Anforderungsdefinition erreicht werden.

Techniken	Erläuterung
Informations-beschaffungs-techniken	Dienen der Erhebung von Informationen über den Sachverhalt, Probleme, Absichten. Einzelne Techniken:[13] • Interview/Fragebogen • Beobachtung • Panel-Befragung • Delphi-Methode
Ursache-Wirkungs-Analyse	Hilft, um die Schlüsselfaktoren hinsichtlich Ursache und Wirkung herauszukristallisieren. Einzelne Techniken:[14] • Ursache-Wirkungs-Grafik/Fischgräten-Diagramm • Einflussmatrix
Kreativitäts-techniken	Helfen, bei der Zielformulierung auf neue Ideen hinsichtlich gewünschter Zustände, Produktmerkmale, Servicequalität etc. zu kommen. Einzelne Techniken:[13, 14] • Brainstorming • Kärtchen-Technik/Methode 635
Priorisierungs-/Gewichtungs-techniken	Ziele und Anforderungen sollten priorisiert werden. Dazu eignen sich folgende Techniken:[13] • Stufenweise Punktvergabe • Präferenz-Matrix
Modellierungs- und Beschreibungs-techniken	Es ist äusserst aufwendig und schwierig, eine eindeutige/präzise Anforderungsspezifikation nur in Prosa zu erstellen. Besonders im Bereich der funktionalen Anforderungen gibt es eine Vielzahl von einzelnen Techniken zur Modellierung (= grafische Darstellung mit entsprechender Notation und Symbolik) von bestimmten Systemaspekten. Zu den bekanntesten Wirtschaftsinformatik-Techniken zählen: • Funktionenanalyse[15] • Datenflussmodellierung[16] • Datenmodellierung[16] • UML (Unified Modeling Language)[16] • Entscheidungstabellen
Prototyping	Prototyping[16] ist eine Methode, bei der so früh wie möglich eine erste, vereinfachte Version (Prototyp) der angestrebten Lösung realisiert wird. Dieser Prototyp wird als Kommunikationsgegenstand zwischen dem Auftraggeber und dem Entwickler verwendet und soll das Risiko von Missverständnissen – und damit einer fehlerhaften Spezifikation erheblich reduzieren.

---

[13] siehe Böhm 2001
[14] siehe Gomez/Probst 1995
[15] Kaneo 1994
[16] Böhm/Fuchs et al. 2002

Vorgehen

6 Vorgehensschema

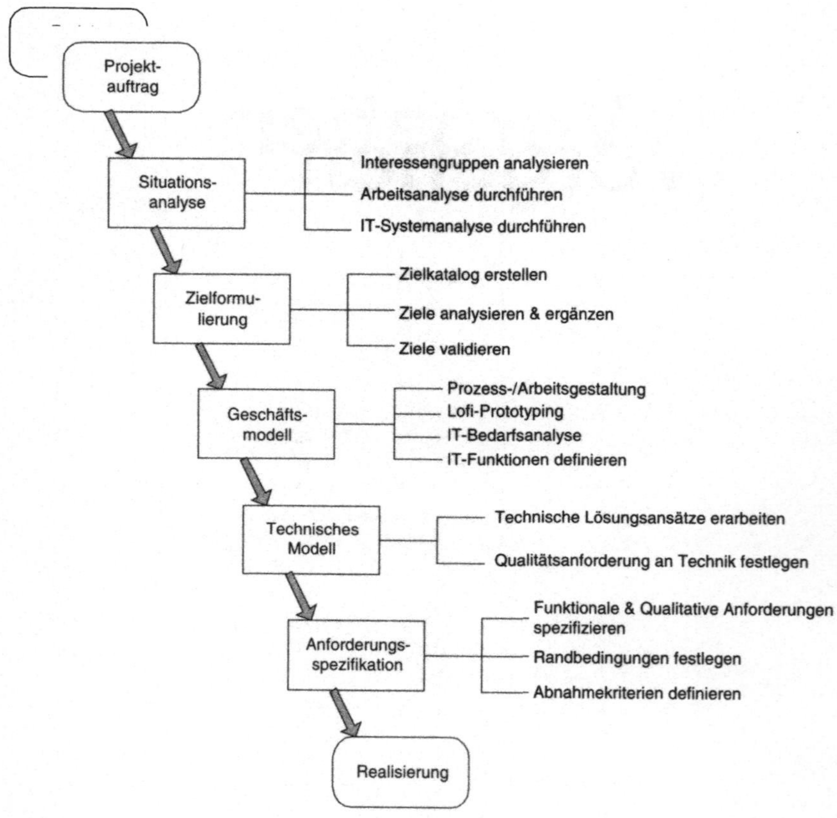

Abbildung 8: Vorgehensschema

Das Vorgehensschema (siehe Abbildung 8) für ein ganzheitliches, systematisches Requirements Engineering wird nachfolgend Schritt für Schritt erläutert.

Die Darstellung zeigt eine logische Reihenfolge. In der Praxis kann aber auch eine andere Reihenfolge, eine Iteration und ein Auslassen – je nach Projektsituation – sinnvoll sein. Mehr dazu im Kapitel "Praxis".

Vorgehensphase	Erläuterung
Situationsanalyse	Um eine klare Gesamtsicht auf das aktuelle soziotechnische System mit seinen Stärken und Schwächen zu gewinnen, sind verschiedene Analysetätigkeiten notwendig. Die Haupttätigkeiten sind: • Interessengruppen analysieren • Arbeitsanalyse durchführen • IT-Systemanalyse durchführen
Zielformulierung	Mit der Zielformulierung wird zunächst festgelegt, was mit dem neuen System erreicht werden soll (danach können die Anforderungen an das System gestellt werden). Die Zielformulierung beinhaltet folgende Aktivitäten: • Zielideen suchen und Zielstruktur aufbauen • Ziele auf Konflikte und Redundanzen analysieren • Ziele messbar formulieren und gewichten • Ziele durch Auftraggeber/Kunde validieren lassen
Geschäftsmodell	Um die "richtigen" Anforderungen an eine IT-Lösung zu finden und zu spezifizieren, muss auch der Geschäftsbereich analysiert und dokumentiert sein. Dazu gehört: • Modellieren der Geschäftsprozesse/-abläufe, Arbeitsgestaltung • Festhalten von generellen Informatikbedürfnissen • Identifizierung von IT-relevanten Geschäftsobjekten und Funktionen
Technisches Modell	Beim so genannten technischen Modell werden • User Interfaces definiert sowie • der Einsatz von Datenbanken, neuen Kommunikationstechnologien etc. in Betracht gezogen. Im Anschluss daran werden entsprechende Leistungs- und Qualitätsanforderungen definiert.
Anforderungsspezifikation	Aufgrund der vorangehenden Analysen und Modelle können die bisher – evtl. in einem Anforderungskatalog festgehaltenen – ermittelten Anforderungen mit den dazugehörenden Abnahmekriterien "wasserfest" spezifiziert werden. Ebenfalls müssen – spätestens zu diesem Zeitpunkt – Rahmenbedingungen wie Vorschriften, Standards, Termine, Budget referenziert resp. festgelegt werden.

7 Interessengruppen analysieren

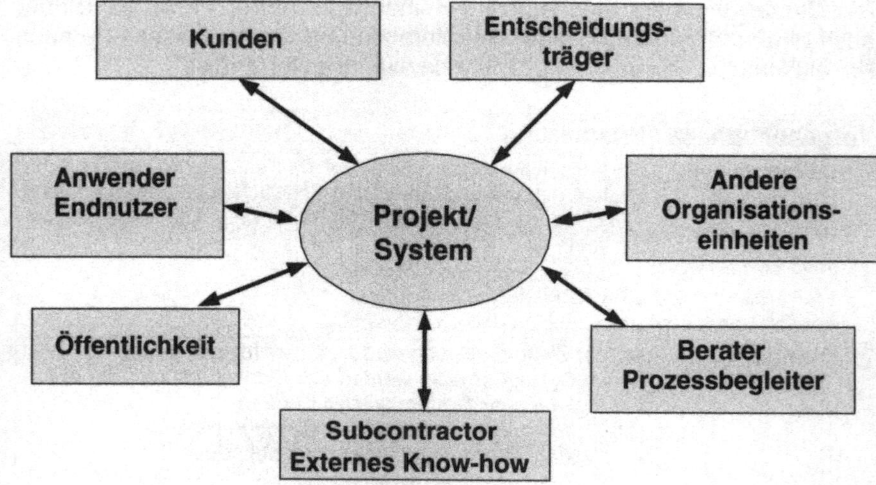

Abbildung 9: Identifikation der Personengruppen, die im oder gegenüber dem Projekt Interessen verfolgen

Im Rahmen der Interessengruppenanalyse werden vom System betroffene und am Systembau beteiligte Individuen und Gruppen untersucht. Die erarbeiteten Ergebnisse geben Aufschluss über die unterschiedlichen Sichtweisen auf das System. Die Qualität der Analyse ist von grösster Bedeutung für die weiteren Schritte des Requirements Engineerings. Dabei sind nicht nur technische und funktionale Aspekte, sondern auch die emotionalen Sichten auf das System von Bedeutung.

Beantwortete Fragen	Techniken, Hilfsmittel
Welche Individuen und Gruppen haben am Projekt bzw. am System welche Interessen? Welche unterschiedlichen Wertvorstellungen sind vorhanden? Wer hat strategische Interessen und entsprechende Einflüsse auf das Vorhaben?	Interviewtechniken Workshops Einfluss-Interessen-Matrix
Welche Kräfte machen eine Zielerreichung wahrscheinlich und welche wirken hinderlich?	Kraftfeldanalyse
Welche Charakteristiken von Benutzern sind zu beachten? Welche Gruppierung der Benutzer ist sinnvoll?	User Analysis Funktionsdiagramme
Welche kulturellen, organisatorischen, strukturellen und technischen Rahmenbedingungen sind vorhanden?	Selbstbeurteilung Kulturanalyse

Die Resultate werden in den Schritt "Zielformulierung" mit einbezogen. Bei ihrer Weiterbearbeitung lassen sich zwei Gruppen unterscheiden:
1. Relevant für das Systemdesign und den Systementwicklungsprozess:
   → Fliessen in die beschriebenen Prozesse ein
2. Relevant für die Projektführung, die Kommunikation und das Projektmarketing:
   → Fliessen in die hier nicht behandelten Prozesse des Projektmanagements ein

8 Arbeitsanalyse durchführen

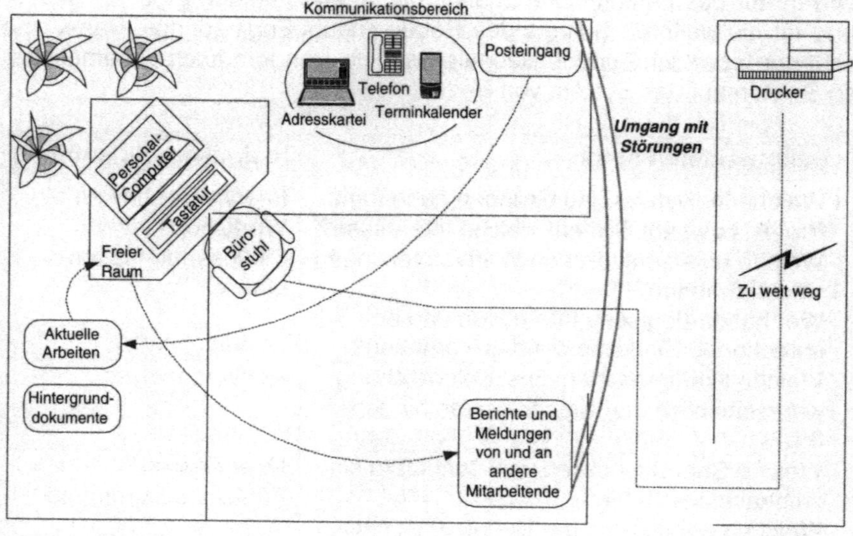

Abbildung 10:
Teilergebnis einer kontextuellen Arbeitsanalyse: Die Arbeitsumgebung der Benutzer wird detailliert beschrieben und mit Bezug auf die Geschäftsprozesse analysiert.

Ziel der Analyse ist es, ein benutzerzentriertes Verständnis der Arbeit – wie sie zurzeit verrichtet wird – zu erlangen. Dabei wird das gesamte Arbeitssystem betrachtet: Aufgaben, Prozesse, Informationsflüsse, Verwendung von Sachmitteln bis hin zur räumlichen Organisation der Arbeitsplätze.

Diese Analyse erfolgt mit den aus der Organisationslehre bekannten Erhebungstechniken der Aufgaben- und Ablaufanalyse. Zusätzlich sind die Methoden der Arbeitsbeobachtung zu empfehlen. Hier werden auch Sachverhalte sichtbar, die in Interviews oder Befragungen nicht erwähnt werden. Die Auftraggeberseite führt oft Dinge nicht an, die sie entweder in Bezug auf das Projekt für uninteressant oder für selbstverständlich und demnach nicht erwähnenswert hält. Als Beispiel für Beobachtungsmethoden wird im Folgenden die kontextuelle Arbeitsanalyse von Beyer und Holtzblatt vorgestellt (Beyer/Holtzblatt 1997).

Contextual Inquiry

Bei Contextual Inquiry handelt es sich um ein Beobachtungsinterview, d.h. eine Beobachtung mit dazwischengeschobenen Befragungen zum Beobachteten.

Wichtig ist dabei die Haltung des Beobachters gegenüber den Befragten bzw. den Benutzern. Das Verhältnis zwischen den Untersuchenden und den Benutzern soll sich am Beziehungsmodell Meister – Lehrling orientieren. Im Moment der Contextual Inquiry sollen die Benutzer als Meister ihrer Aufgaben gesehen werden und die Beobachter mit der Haltung eines Lehrlings an sie herantreten.

Kennzeichnend für diese Beobachtungsmethode sind die vier Prinzipien Context, Partnership, Interpretation und Focus.

- Context: Erhebungsort ist der Arbeitsort in der wirklichen Arbeitssituation.
- Partnership: Benutzer zu Verbündeten machen.
- Interpretation: Einzelbeobachtungen erhalten Bedeutung.
- Focus: Beobachter lenkt Aufmerksamkeit auf die Aspekte der Arbeit, die für das Design des Systems relevant sind.

Die Ergebnisse der Arbeitsanalyse werden in Form von Use-Case-Modellen[17] dokumentiert.

---

[17] vgl. Balzert 2001

9 IT-Systemanalyse durchführen

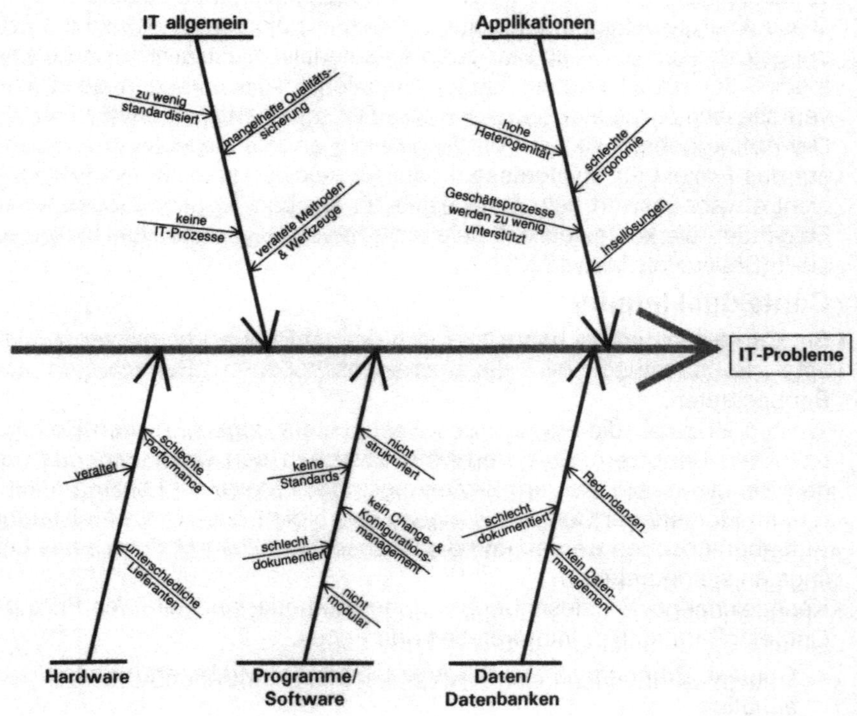

Abbildung 11: Fischgräten-Diagramm zum Aufzeigen von IT-Schwachstellen

Mit der IT-Systemanalyse soll aufgezeigt werden,
- welche Anwendersoftware (Applikation) im Einsatz ist
- welche Daten/Informationen verwendet werden
- welche Schnittstellen von und zu anderen Geschäftsberei-
  chen/Applikationen bestehen
- welche Hardware-/Kommunikationseinrichtungen vorhanden sind

Beispiele aus dem Fallbeispiel (siehe Anhang):

Anwendersoftware:			
Geschäftspro- zessFunktion[18]	*Anwendersoftware*	*UW*	*Bemerkung*
An- und Abmeldun- gen	MS-Word	5	Zu viel wird von "Hand" gemacht.
Seminarkosten- verrechnung	MS-Access-Lösung (Eigenentwicklung)	3	Ergonomie sollte besser sein.
Daten/Informationen:			
Objekte	*Art der Speicherung*	*UW*	*Bemerkung*
Kurse	MS-Access	3	Zusätzliche Datenfel- der fehlen.
Referenten	MS-Access	4	Es fehlen Angaben zu Kompetenzen.
Schnittstellen:			
von	*zu*	*UW*	*Bemerkung*
Personal-System	Referenten	5	Personalmutationen erfolgen nicht auto- matisch.
Seminarkosten- verrechnung	Betriebsbuchhaltung	3	Keine IT-Schnittstelle vorhanden
Hardware-/Kommunikationseinrichtungen:			
Gegenstand	*Marke*	*UW*	*Bemerkung*
Server	XXXX	3	Schlechte Perfor- mance
Printer	YYYY	2	Farbausdrucke erfol- gen sehr langsam.

Legende: UW = Unzufriedenheits-Wert (1 = sehr zufrieden, 5 = sehr unzufrieden)

---

[18] zu den Begriffen "Geschäftsprozess" und "Funktion" vgl. Staud 2001

10 Zielformulierung

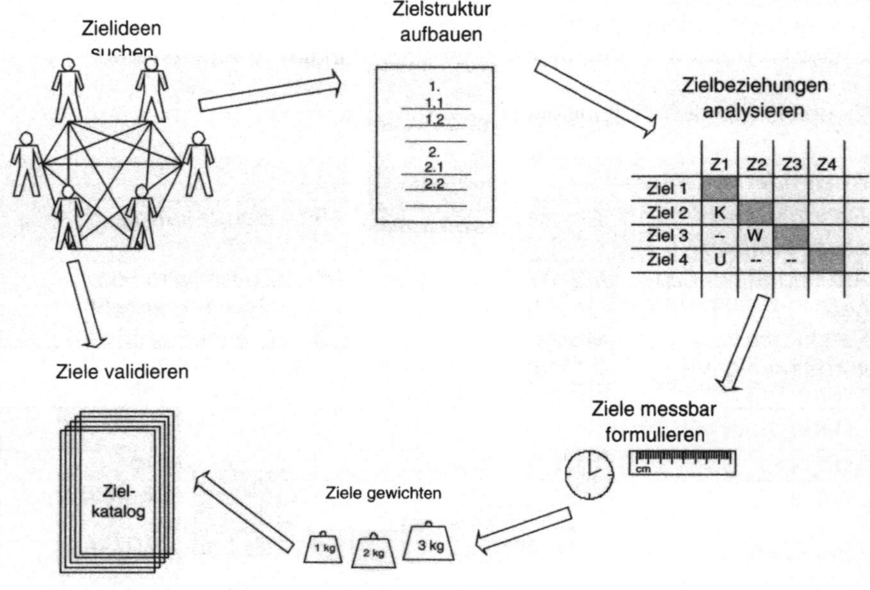

Abbildung 12: Zielformulierung

Ziele sind Leitplanken, also richtungsweisend für die neue Lösung. Und somit auch eine Basis – zusammen mit den Ergebnissen aus der Problemanalyse – für die Anforderungsdefinition.

Vorgehensschritte	Erläuterung
Zielideen suchen, generieren	• Mit Vertretern aus den Interessengruppen zunächst möglichst viele Zielideen generieren • Dabei werden Techniken der Informationsbeschaffung sowie Kreativitätstechniken wie Brainstorming, Methode 635 eingesetzt
Zielstruktur aufbauen	• Die vorliegenden unstrukturierten, redundanten und z.T. auch utopischen Zielideen werden sortiert, gruppiert und selektiert. • System- und Projektvorgehensziele sind zu trennen. • Am Ende dieses Schritts sollte ein übersichtlicher, gut strukturierter Zielkatalog vorliegen.

Zielbeziehungen analysieren	• Die im Zielkatalog enthaltenen Ziele können konkurrierend, widersprüchlich, einander unterstützend oder unabhängig voneinander sein.
	• Widersprüche oder Konfliktsituationen lassen sich wie folgt bewältigen:
	  – Prioritäten setzen
	  – Kompromiss suchen (Festlegen von Mindest- oder Höchstwerten)
	  – Verzichten auf ein Ziel (Streichung)

Ziele messbar formulieren	• Messgrössen, Zielausmass (das WIEVIEL) festlegen • Zeitpunkt der Zielerreichung (bis WANN) festlegen • Evtl. auch den Ort der Wirkung (WO soll es erreicht werden) festlegen
Ziele gewichten	• Muss-Ziele identifizieren und im Zielkatalog zuvorderst aufführen • Die übrigen (Soll-)Ziele priorisieren (mittels stufenweiser Punktvergabe oder Präferenz-Matrix
Ziele validieren	• Die - jetzt sauber formulierten - Ziele sind den Auftraggebern vorzulegen. • Durch die Validierung werden die Ziele für das neue System und das Projekt als verbindlich deklariert.

11 Prozesse modellieren

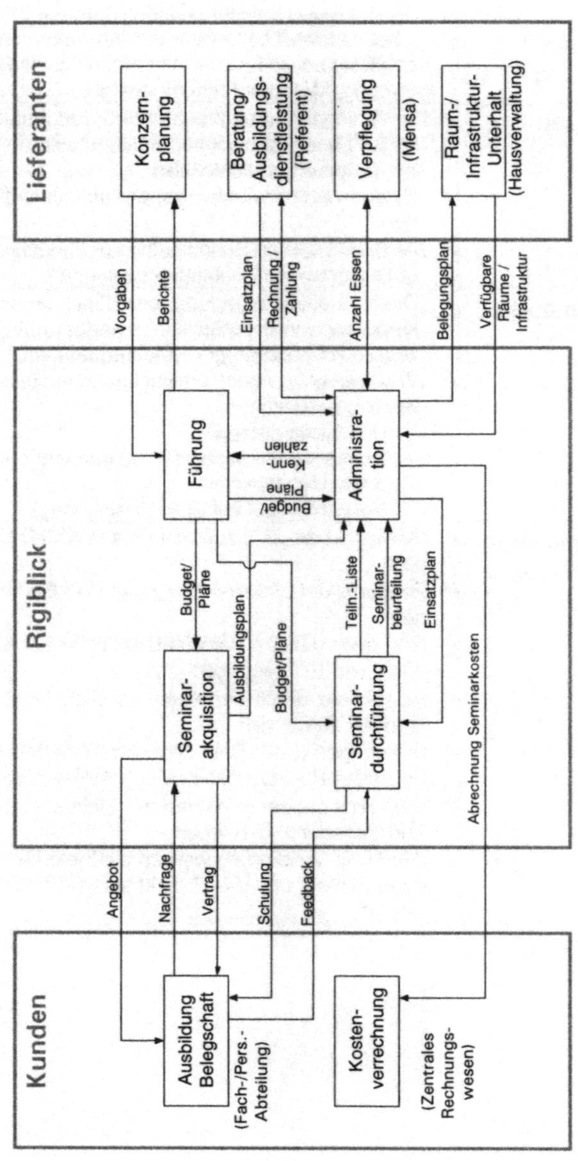

Abbildung 13: Prozesslandkarte für das Fallbeispiel

Im Rahmen des Requirements Engineerings hat *das Modellieren der Geschäftsprozesse den Zweck, alle Aktivitäten (Aufgaben, Funktionen), mit deren Durchführung eine Leistung durch Aufgabenträger erstellt wird, die an externe und interne Kunden übergeben wird,*[19] darzustellen.

Bei dieser Analyse/Modellierung
* werden die bisherigen wie auch die neuen, zusätzlichen Prozesse auf die dabei formulierten Ziele hin ausgerichtet
* wird das Potenzial der Informations- und Kommunikationstechnologien berücksichtigt

Je nach dem Grad der Veränderung kann von einer Geschäftsprozess-Optimierung resp. einem Geschäftsprozess-Reengineering gesprochen werden.[20]

	BPR	Optimierung
Auslöser	Veränderungs-bedarf	Anpassungsbedarf
Ziel	Quantensprung	Verbesserung
Vorgehen	revolutionär	evolutionär
Risiko	beträchtlich	moderat
Objekt	Prozesse	meist innerhalb einer Funktion
IT-Rolle	tragend, auslösend	Automatisierung, Rationalisierung
Durchführung	Projektform	meist institutionalisiert, ad hoc

Abbildung 14: Unterschiede zwischen BPR (Business-Process-Reengineering) und Optimierung

---

[19] vgl. Definitionen zu Geschäftsprozessen in Staud 2001 (Kap. 2.1)
[20] vgl. Schnetzer 1999

Nach der Methode **Promet-BPR®**[21] wird u.a. Folgendes erarbeitet:

- Prozesslandkarte und Prozessverzeichnis
- Nutzenpotenzialverzeichnis
- Sektornetzwerk
- Prozessgrundsätze
- Kritische Erfolgsfaktoren und Führungsgrössen
- Prozess-Kontextdiagramme
- Leistungsverzeichnisse (inkl. Qualitätsprofilen)
- Aufgabenkettendiagramme (Aufgabenablaufdiagramme)

Aus den Ergebnissen dieser Arbeitsschritte können systematisch Anforderungen zur Aufgabenunterstützung und -automatisierung abgeleitet und spezifiziert werden.

---

[21] vgl. www.img.com

12 Lofi-Prototyp erstellen

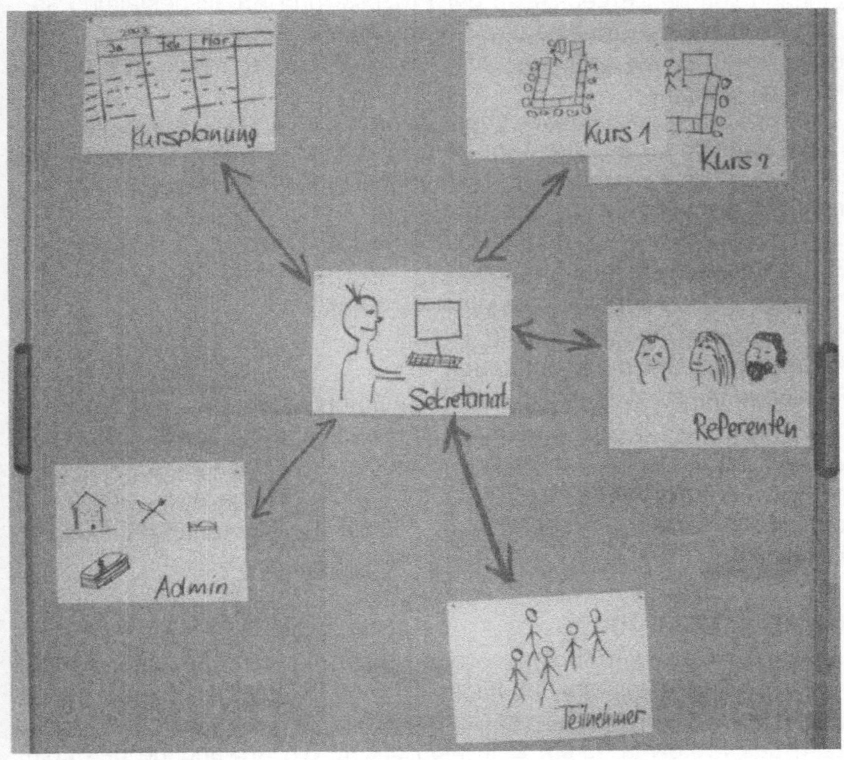

Abbildung 15:
Beispiel: Erster Schritt des Lofi-Prototypings im Fallbeispiel. Nachdem die User-Interface-Objekte identifiziert worden sind, sammelt das Projektteam erste Visualisierungsideen und diskutiert die grafische Metapher zur Einbettung des User Interfaces.

Lofi-Prototyping dient im Requirements-Engineering-Prozess einer frühen Visualisierung und Konkretisierung des Geschäftsmodells. Damit steht ein Gegenstand zur Diskussion mit den Interessengruppen zur Verfügung. Ausgehend von den Ergebnissen der Prozess- und Arbeitsgestaltung sowie der Informations-Bedarfsanalyse, kann in einer Arbeitsgruppe mit Vertretern der Interessengruppen mit wenig Aufwand ein Lofi-Prototyp erarbeitet werden.

Ein Lofi-Prototyp (Low Fidelity = geringe Wiedergabetreue) veranschaulicht das Geschäftsmodell aus der Benutzersicht. Dabei werden mit einfachsten Mitteln Skizzen der Bedienungsschritte erstellt, mit deren Hilfe sich Szenarien mit den Benutzern durchspielen lassen.

Diese Art des Prototypings bringt verschiedene Vorteile:

* Entwurf gemeinsam mit Benutzern
* Keine besonderen Informatikkenntnisse notwendig
* Kurze Entwicklungszeit (wenige Tage)
* Änderungen einfach durchführbar
* Entwurf und Review in einem Arbeitsgang möglich

Als Hilfsmittel zur Erarbeitung eines Lofi-Prototypen eignet sich insbesondere die Metaplantechnik (auch Moderationsmethode genannt). Auf Pinwänden und Flipcharts werden Skizzen gemeinsam oder in Kleingruppen erarbeitet und dann im Plenum anhand konkreter Szenarien durchgespielt und diskutiert.

Usability Walkthrough

Die Qualität eines Lofi-Prototypen zeigt sich am besten bei seiner Benutzung. Da dieser Papier-Prototyp für sich nicht "lauffähig" ist, spielt ein Moderator mit einem Benutzer das jeweilige Szenario bildhaft anhand der Skizzen des Prototyps durch. Eine Möglichkeit, die Anwendung des Lofi-Prototypen direkt zu beobachten und auszuwerten, ist der "Usability Walkthrough".

Ein Usability Walkthrough ist eine Kombination aus Beobachtung und halb strukturiertem Interview. Ein Benutzer geht dabei unter Anleitung des Moderators die Szenarien schrittweise durch. Zu jedem Dialogschritt erhält der Benutzer die entsprechenden Skizzen vorgelegt und der Moderator stellt gezielte Fragen, um das Verständnis der Skizzen zu überprüfen. Dieser Walkthrough wird mit etwa zwei bis drei Benutzern durchgeführt, die verschiedene Benutzergruppen vertreten. Alle Kritikpunkte und Anregungen der Benutzer werden gesammelt und anschliessend ausgewertet. Daraus ergeben sich funktionale Anforderungen aus der Benutzersicht, die in die weiteren Schritte des Requirements Engineering-Prozesses – wie die Definition der IT-Funktionen, die Modellierung der Geschäftsobjekte und die Zustandsanalyse – einfliessen.

13 IT-Bedarfsanalyse durchführen

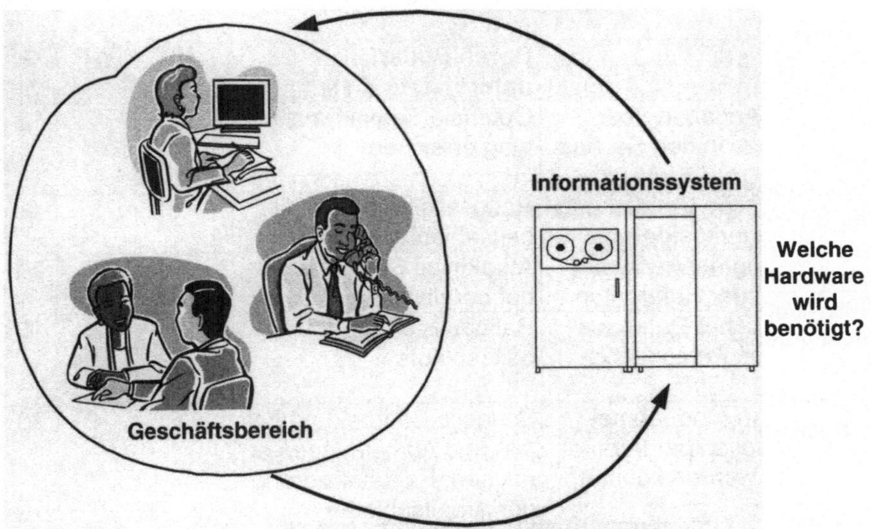

Abbildung 16: Fragestellungen bei der IT-Bedarfsanalyse

Anhand der Ergebnisse aus den bisher realisierten Vorgehensschritten kann zunächst eine Analyse der benötigten IT-Unterstützung durchgeführt werden.

Die IT-Bedarfsliste[22] lässt sich wie folgt aufbauen (zu den Beispielen in unten stehender Tabelle siehe Fallbeispiel "Seminarorganisation" im Anhang):

Bedarf	Durch Bedarf unterstützte Ziele[23]	UW	WF	G
Aktuelle Angaben über freie Plätze in den Seminaren	Optimale Seminarauslastung erreichen	3	4	12
Automatische Verbuchung der Seminarkosten	Rationalisierung der Arbeitsabläufe	3	3	9
Verwaltung der Fachkompetenzen der Referenten	Attraktives Seminarangebot bereitstellen	4	5	20
Automatischer Datenaustausch des Personalsystems	Rationalisierung der Arbeitsabläufe	5	3	15
Seminaran- und -abmeldungen sollen per Intranet gemacht werden können	Schnelle Bearbeitung der An- und Abmeldungen erreichen; Rationalisierung der Arbeitsabläufe	5	4	20
Aktuelle Angaben über den Seminarbedarf der Filialen/ Fachabteilungen	Attraktives Seminarangebot bereitstellen	4	5	20
usw.				

Legende: UW = Unzufriedenheits-Wert (1 = sehr zufrieden, 5 = sehr unzufrieden)
WF = Wichtigkeitsfaktor (1 = eher unwichtig, 5 = sehr wichtig)
G = Gewicht (UW * WF)

Der Wichtigkeitsfaktor kann anhand folgender Kriterien vergeben werden:
5 = Ein kritischer Erfolgsfaktor des Geschäfts wird direkt und voll unterstützt.
4 = Ist notwendig für die Erreichung eines operativen Ziels.
3 = Ist für die Ausführung eines Prozesses sehr wichtig.
2 = Ist für die Ausführung eines Prozesses nützlich.
1 = Ist für irgendeinen anderen Zweck wichtig.

Eine interessante und tiefer gehende Analyse der Bedürfnisse bietet die Anwendung der QFD-Methode[24] (siehe auch Schritt 18).

---

[22] vgl. Kap. "Strategische Informationsplanung" in Texas Instruments 1988; zum Informationsbedarf vgl. Lercher 2000
[23] Der Einfachheit halber sind diese Ziele noch nicht messbar formuliert.
[24] vgl. Herzwurm et al. 2000

14 IT-Funktionen ermitteln

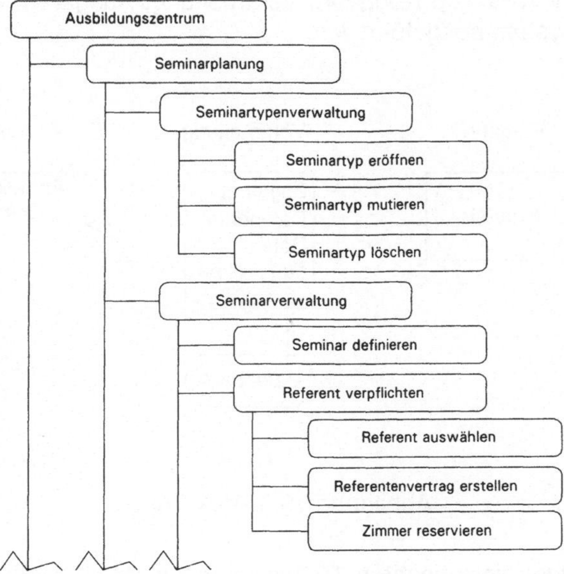

Abbildung 17: Beispiel eines Funktionen-Hierarchie-Diagramms

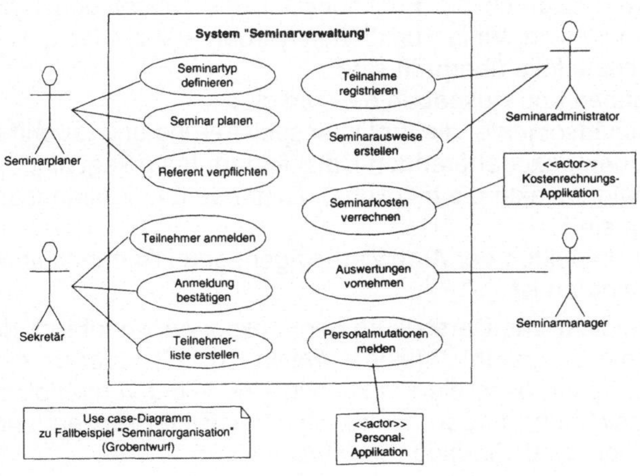

Abbildung 18: Use-Case-Modell

Unter dem Begriff "IT-Funktion" verstehen wir eine Verarbeitungseinheit nach dem E-V-A-Prinzip (Eingabe, Verarbeitung, Ausgabe), die durch ein Informationssystem ausgeführt wird.

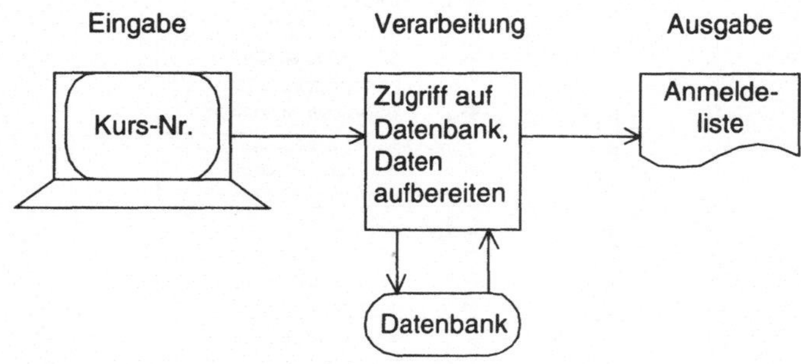

Abbildung 19: E-V-A-Prinzip

Die notwendigen/gewünschten IT-Funktionen werden zunächst aus den bisherigen Ergebnissen – wie Zielformulierung, Prozessmodellierung, Lofi-Prototypen, IT-Bedarfsliste – abgeleitet.

Allerdings wird dadurch die Funktionalität des zukünftigen Systems noch nicht vollständig sein. Viele Funktionen werden erst entdeckt, wenn

a) alle Geschäftsfälle überprüft sind

b) alle Eingaben und Ausgaben definiert sind

c) alle Geschäftsobjekte, die für Datenspeicherung und -zugriff relevant sind, mit den dazugehörenden Datenfeldern festgelegt sind

d) für die Datenobjekte die möglichen Zustände und Zustandsübergänge analysiert sind

e) auch den Aspekten der Archivierung genügend Aufmerksamkeit geschenkt worden ist

Für eine übersichtliche Darstellung der Funktionen eignet sich das Funktionen-Hierarchie-Diagramm[25] (siehe Abbildung 17) oder das Use-Case-Modell. Wichtig ist, dass die Funktionen eine leicht verständliche und eindeutige Bezeichnung haben. Dazu eignet sich die Verwendung von Substantiv und Verb (z.B. *Seminarraum reservieren*).

---

[25] vgl. Böhm/Fuchs et al. 2002 und Kaneo 1994

15 Geschäftsobjekte analysieren

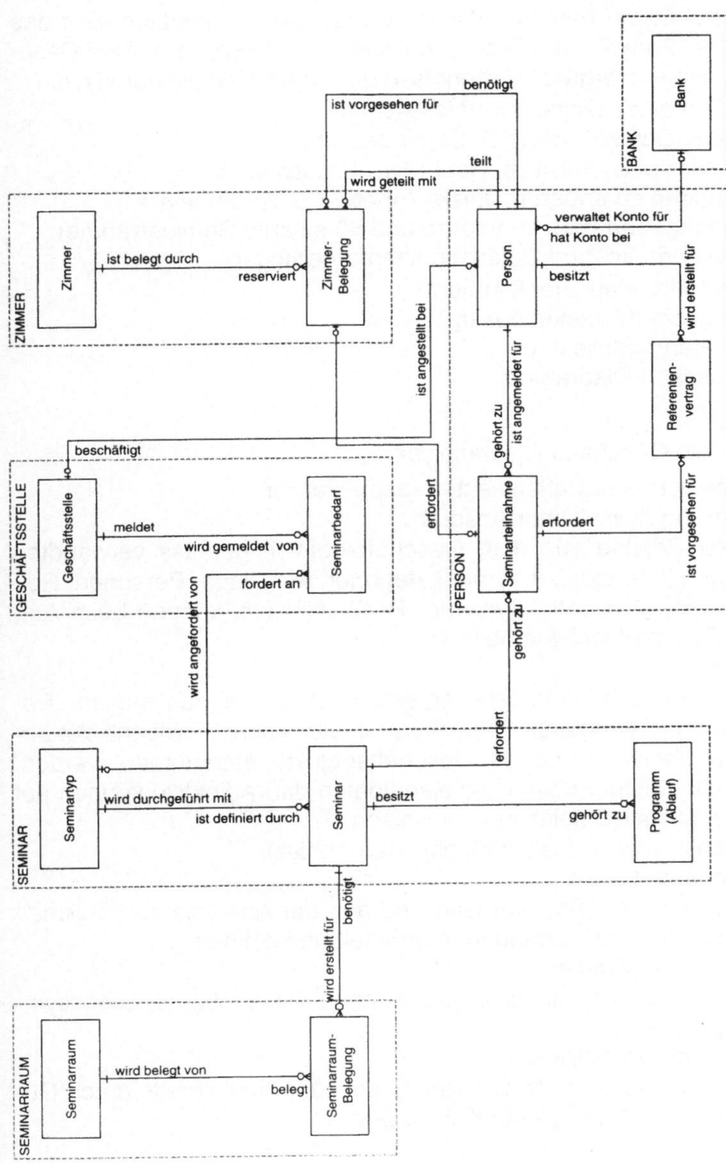

Abbildung 20: Geschäftsobjektmodell für das Fallbeispiel

Durch die Analyse der Geschäftsobjekte wird festgelegt, welche Daten über diese im System gespeichert werden müssen. Danach kann überprüft werden, ob entsprechende IT-Funktionen für das Einfügen, Mutieren und Abfragen dieser Daten bereits definiert worden sind; ansonsten wird das vorher erstellte Funktionen-Hierarchie-Diagramm (resp. das Use-Case-Modell) entsprechend ergänzt. Ergebnisse der Geschäftsobjektanalyse:

- Für jeden Typ eines Objekts wird festgelegt
    - Name des Objekt-Typs (z.B. Seminarraum)
    - Datenfelder (z.B. Adresse, Raum-Nr., Grösse etc.)
    - Beziehungen zu anderen Objekt-Typen (z.B. zu Seminar)
    - Mengenangaben (z.B. 15 interne und 50 externe Seminarräume)
    - Datensicherheits- und Datenschutzanforderungen
- In der Regel wird eine Grafik in Form
    - eines Geschäftsobjektmodells,
    - eines Datenmodells oder
    - eines Klassen-Diagramms
    erstellt.[26]

Vorgehen bei der Geschäftsobjektanalyse:

a) Identifikation von Geschäftsobjekten resp. -klassen

- Kategorisierung (klassischer Ansatz)
  Hier werden Objekte aus dem Geschäftsbereich gemäss verwandten Eigenschaften kategorisiert. Grundkategorien wie Dinge, Personen, Rollen, Ereignisse, Konzepte, Systeme, Positionen etc. können beim Auffinden der Geschäftsobjekte helfen.

- Textanalyse
  Aus bisherigen Anforderungsbeschreibungen, Anwendungsfällen, Dokumentationen, Formularen, Fachliteratur etc. können wesentliche Informationen über bestehende Geschäftsobjekte entnommen werden. Grundsätzlich stellen Substantive Kandidaten dar. Adjektive können auf Datenfelder solcher Objekttypen hinweisen.

b) Beziehungen zwischen Geschäftsobjekten ermitteln

- Assoziationen auffinden
  Aus der Kenntnis der Sachverhalte und aus der Analogie zu ähnlichen Bereichen werden die Beziehungen ermittelt und definiert.

- Aggregationen bestimmen
  Typische Teile-Ganzes-Beziehungen können mittels Aggregationssymbol hervorgehoben werden.

- Generalisieren/Spezialisieren

Wo sich klare Begriffshierarchien abzeichnen, kann dies bereits durch Generalisierungsbeziehungen verdeutlicht werden.

---

[26] vgl. Böhm/Fuchs et al. 2002

16 Zustandsanalyse durchführen

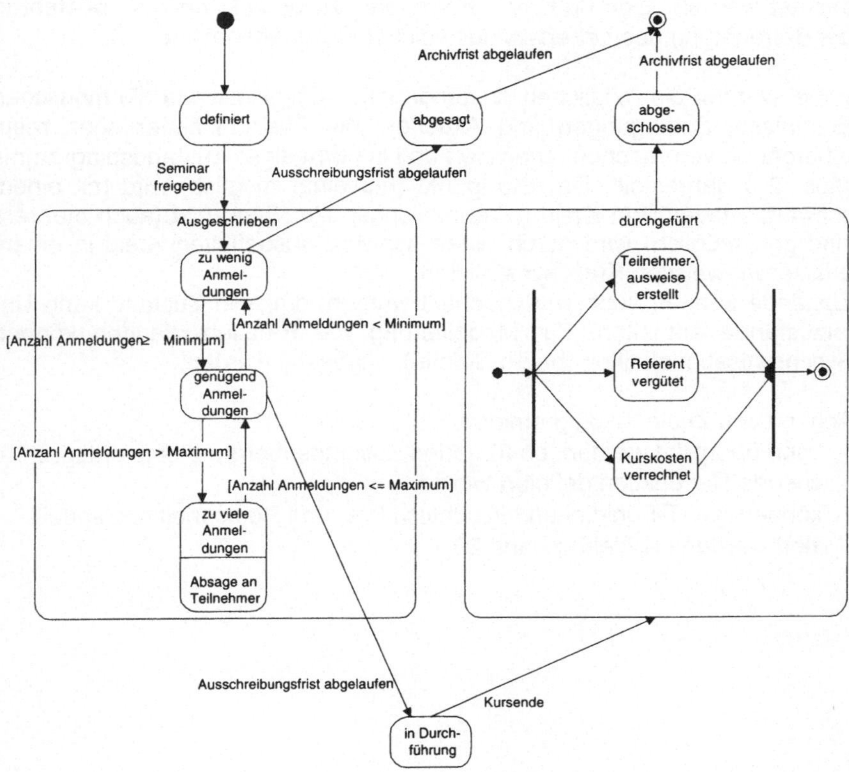

Abbildung 21: Zustandsdiagramm für Geschäftsobjekttyp "Seminar" (Fallbeispiel)

Die statische Struktur von Geschäftsobjekten liefert nur einen Schnappschuss der Struktur zu einem bestimmten Zeitpunkt. Für ein umfassendes Verständnis der Geschäftsobjekte muss deshalb auch ihre Dynamik betrachtet werden. Eine bewährte Form, dies zu berücksichtigen, besteht in der Betrachtung des Lebenszyklus solcher Geschäftsobjekte.

Dabei werden die möglichen Zustände eines Objekts sowie die möglichen Ereignisse, Bedingungen und Aktionen, die Zustandsänderungen resp. -übergänge verursachen, analysiert und in Form eines Zustandsdiagramms (Abb. 21) dargestellt. Der Startpunkt (nur einer möglich) wird mit einem schwarz ausgefüllten Kreis gekennzeichnet. Der Endpunkt (auch mehrere sind ggf. möglich) wird durch einen schwarz ausgefüllten Kreis in einem grösseren, weissen Kreis symbolisiert.
Zustände können auch verschachtelt werden, d.h., ein Zustand kann Unterzustände enthalten. Zur Modellierung von Parallelzuständen können Synchronisationsbalken (breite Striche) eingesetzt werden.

Anhand von Zustandsdiagrammen
- kann überprüft werden, ob für jeden Zustandsübergang eine entsprechende IT-Funktion definiert wurde
- können die IT-Funktionen hinsichtlich Pre- und Postconditions spezifiziert werden ($\rightarrow$ siehe Schritt 20)

17 User Interface definieren

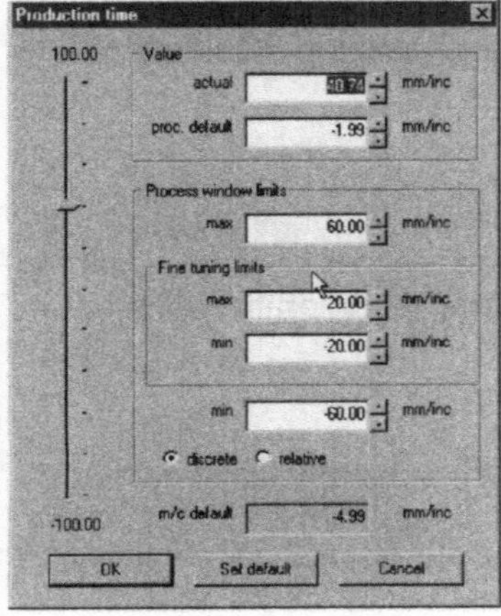

Kapitel "Dialog-Box"
Regeln

1 Die Steuerelemente werden gemäss der Leserichtung – d.h. von links oben nach rechts unten – ausgerichtet.

2 Die Hauptschaltflächen (Push Button) werden entweder unten als Zeile oder am rechten Rand als Spalte angeordnet.

3 Die wichtigste Schaltfläche – typischerweise der Default Button – wird als Erstes in der Gruppe der Schaltflächen angeordnet.

Abbildung 22: Beispiel aus "Graphical User Interface Guidelines" zum Thema Dialog-Box

Storyboard

Im Storyboard wird der Dialog zwischen Benutzer und System formal beschrieben. Hier werden alle User-Interface-Elemente in ihrem Aussehen und Verhalten dokumentiert. Zudem wird die Navigation festgelegt.
Als Grundlage dienen der Lofi-Prototyp und User Interface Guidelines, die den Rahmen für das Screendesign vorgeben.

Software-Prototyp

Die Umsetzung des Storyboards erfolgt mit einem leistungsfähigen Prototyping-Tool. Die Software-Prototypen werden mit Hilfe von Usability Walkthroughs oder Usability-Testing ausgewertet und iterativ weiterentwickelt.

User Interface Guidelines

Damit die User Interfaces verschiedener Projektteams möglichst einheitlich und konsistent werden, werden für ihre Erstellung Guidelines eingesetzt. Darin werden das Aussehen und die Verwendung der User-Interface-Komponenten im Detail beschrieben und reglementiert. Im Prototyping unterstützen diese Guidelines die Programmierer bei den anfallenden Designentscheiden.
Als Grundlage dienen dabei die systembezogenen Guidelines (Beispiele: Human Interface Guidelines von Apple, Windows User Experience von Microsoft, Common User Access [CUA] von IBM). Es ist jedoch sinnvoll, unternehmensspezifische oder auch projektspezifische Guidelines zu erstellen, die eine Untermenge der systembezogenen Guidelines enthalten und zudem unternehmensbezogene Komponenten umfassen. Idealerweise werden die darin definierten User-Interface-Komponenten direkt in der jeweiligen Entwicklungsumgebung als Muster (Class Libraries, Frameworks) zur Verfügung gestellt, was natürlich die Arbeit der Programmierer vereinfacht und die Akzeptanz der Guidelines erhöht.

18 Technische Lösungsansätze erarbeiten

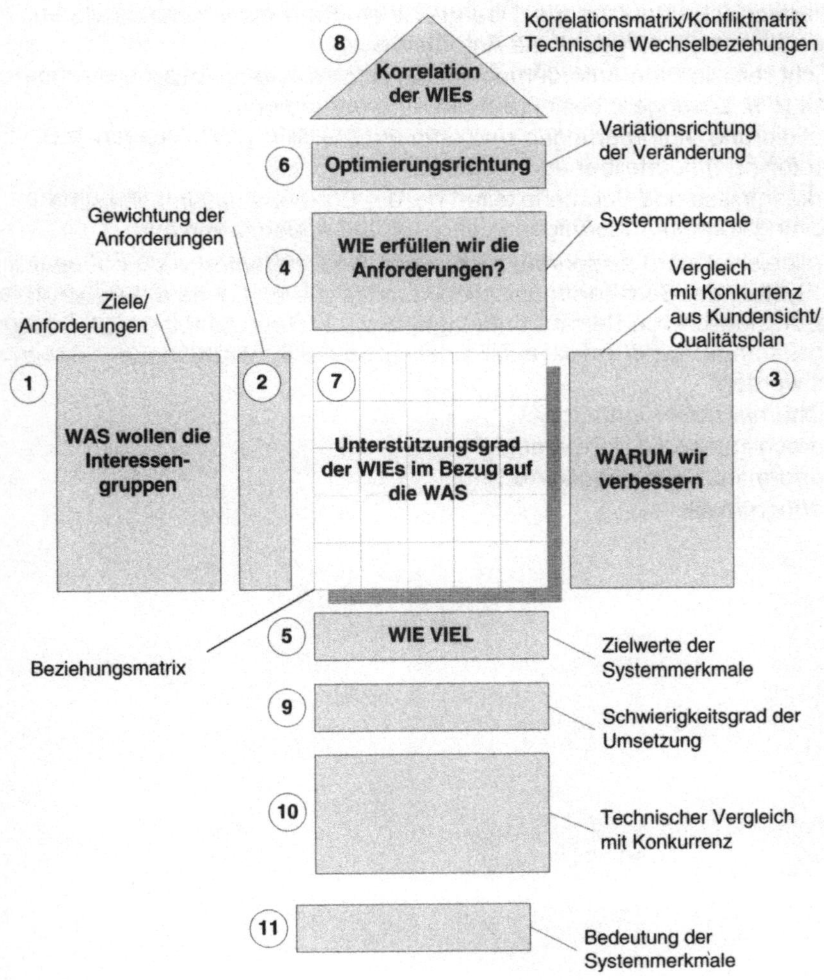

Abbildung 23:
House of Quality
der "QFD (Quality Function Deployment)"-Methode

Die Frage ist berechtigt: Warum sollte man sich bei der Anforderungsspezifikation über die Lösung Gedanken machen?

Gemäss Professor M. Glinz sprechen folgende Argumente dafür:[27]

- Hierarchische Verzahnung: Übergeordnete Entwurfsentscheidungen beeinflussen untergeordnete Anforderungen.
- Nicht realisierbare Anforderungen sind sinnlos → technische Machbarkeit (d.h. Lösungen) beeinflusst die Anforderungen.
- Validierung: Anforderungen sind oft nur mit Hilfe von Lösungen (z.B. Prototypen) beurteilbar und validierbar.
- Erkenntnisse und Schwierigkeiten bei der Erarbeitung der technischen Lösung können Änderungen in den Anforderungen bewirken.

Im Fallbeispiel wäre es sehr nützlich, wenn die Referenten via Extranet mit dem System der Seminarorganisation kommunizieren könnten (Einsatzplanung, Austausch von Seminarunterlagen etc.). Wenn eine Extranet-Lösung infrage kommt, dann muss auch über spezielle Anforderungen nachgedacht werden:

- Sicherheitsanforderungen
- Berechtigungen der Referenten
- Performance (Datenaustausch)
- Verfügbarkeit

---

[27] vgl. Glinz 2002

Ziele/Anforderungen	Moderne Seminar-verwaltungs-Applikation	Intranet- & Extranet-infrastruktur	Integrierte Office-Software	Moderne Raumver-waltungs-Applikation	Workflow-Applikation	Referenten-abrech-nungs-Applikation	MIS-/Datawarehouse-Applikation	Moderne Schnittstelle zu Personal- & REWE-Appl.	
1.1 Optimale Seminarauslastung	3			3					6
1.2 Attraktives Seminarangebot	3	3					3		9
1.3 Abteilungsspezifische Seminare	1								1
2.1 Einfache, zentrale Stamm-datenverwaltung	9	3		9		9		9	39
2.2 Keine unnötigen Arbeitsabläufe	9	9	9	9	9	9		9	63
2.3 Schnelle Bearbeitung der Anfragen/An- & Abmeldungen	9	9		3	3				24
3.1 Aktuell verfügbare Zahlen für Management	3			3	3		9	1	19
3.2 Periodische Auswertungen	3			3			9	1	16
4.1 Optimale Raumbewirtschaftung	3			9	3		3		18
4.2 Aktuelle Infos über Raum-belegung		9		9					18
5.1 Kein Verpflegungsüberschuss	1								1
5.2 Frühzeitige Infos über Anzahl der benötigten Essen	9								9
	53	33	9	45	18	18	24	20	

MIS   = Management Informationssystem
REWE = Rechnungswesen

Abbildung 24: Einfache QFD-Matrix zum Fallbeispiel

Als Methode zur Erarbeitung der Lösungsansätze eignet sich QFD (Quality Function Deployment) sehr gut.[28]

Im Beispiel (Abbildung 24) ist eine vereinfachte QFD-Matrix mit den Feldern ①, ④ und ⑦ gemäss House of Quality (Abb. 23) dargestellt.

Dabei zeigt eine Zahl in einer Zelle der Matrix (Feld ⑦), wie stark ein IT-Mittel ein Ziel/eine Anforderung unterstützt, wobei 1 eine schwache, 3 eine mittlere, 9 eine starke und eine leere Zelle keine Unterstützung bedeutet.

Eine Matrix kann wie folgt interpretiert und analysiert werden:[29]

a) Leere/schlecht gefüllte Zeilen: Es fehlen IT-Mittel, die diese Ziele/Anforderungen unterstützen.
   Fragen: Können diese Ziele/Anforderungen im Prinzip nicht unterstützt werden? Will man sie nicht unterstützen? Oder ist nur vergessen worden, eine Lösung dazu zu entwickeln? In einer Zeile sollte mindestens eine starke Beziehung (Ziffer 9) vorhanden sein.

b) Gut gefüllte Zeilen: Es gibt viele IT-Mittel, die diese Ziele/Anforderungen unterstützen.
   Fragen: Werden alle diese IT-Mittel benötigt (Kosten!)? Sind diese Ziele/Anforderungen derart wichtig, dass sie den Einsatz dieser vielen IT-Mittel rechtfertigen? Sind die IT-Mittel eventuell nicht optimal strukturiert?

c) Leere/schlecht gefüllte Spalten: Es fehlen Ziele/Anforderungen zu diesem IT-Mittel.
   Drei Fragen sind zu beantworten:
   • Ist das IT-Mittel unnötig, will der Kunde/Auftraggeber diese Lösung gar nicht haben?
   • Gehört das IT-Mittel zu einer Grundanforderung des Kunden/ Auftraggebers, die so banal ist, dass er sie nicht genannt hat?
   • Ist das Lösungsmerkmal für den Kunden/Auftraggeber neu und überraschend?

d) Gut gefüllte Spalten: Das IT-Mittel unterstützt viele Ziele/Anforderungen.
   Frage: Ist dies richtig? Oder sind die Ziele/Anforderungen in der Tiefe falsch strukturiert?

Weitere Regeln zur Interpretation/Analyse von QFD-Matrizen sind in der zitierten Literatur zu finden.

---

[28] vgl. Herzwurm et al. 2000
[29] Quelle: G. Streckfuss in QFD-Forum c/o QFD-Institut Deutschland e.V., DE-50969 Köln

19 Technische Anforderungen festlegen

Verfügbarkeit/Stabilität	• Betriebszeit täglich von 06.00–22.00 Uhr • Verfügbarkeit mind. 97% • Max. Ausfallzeit pro Unterbruch: 2 Std.
Performance	• Antwortzeit (bei max. 100 aktiven Benutzern) für einfache Abfragen und Buchungen: 2 Sekunden • Verarbeitungszeiten für Seminarkostenverrechnung und Referentenhonorarabrechnung: 1 Stunde
Speicherkapazität	• Für 30'000 Seminarteilnehmertage pro Jahr; 5 Jahre Aufbewahrungsfrist in Datenbank (danach Archivierung)
Systemarchitektur	• 3-Schichten-Architektur • Datenbank: Oracle
Schnittstellen/Integration	• Zugriff auf das zentrale Personalsystem • Verrechnungs- und Abrechnungsdaten werden per Filetransfer der Rechnungswesen-Applikation zugestellt

Sicherheitsanforderungen	• Tägliche Datensicherung
	• Restart-/Recover-Einrichtung
	• Eigene Berechtigungen für
	   – Seminarteilnehmer
	   – Referenten
	   – Seminar-Organisations-Abteilung
	   – System-Administration
	• Firewall-Einrichtung für das Extranet
	• Mutations-Log für alle Datenveränderungen
	• Datenaufbewahrungsfrist: 10 Jahre

Abbildung 25: Auswahl von Qualitätsanforderungen zum Fallbeispiel

Nachdem in den vorhergehenden Kapiteln (nur) die fachlichen Anforderungen (Funktionen, Geschäftsobjekte) definiert wurden, ist es jetzt an der Zeit, auch die technischen Anforderungen festzulegen. Dazu gehören folgende Bereiche:

Bereich	Erläuterung
Verfügbarkeit/ Stabilität	Systemverfügbarkeit an Werk-, Sonn- und Feiertagen in % pro Tag, Monat; maximale Ausfallzeit
Performance	Antwortzeit pro Online-Transaktionstyp, Verarbeitungszeiten für Stapel-(Batch-) Verarbeitungen
Speicherkapazität	Grössenangaben für die Datenbanken, Zuwachsraten, Aufbewahrungsfristen
Systemarchitektur	Vorgaben zum Aufbau der Systemschichten (Präsentations-, Applikations-, Datenspeicherungsschicht) sowie dem Einsatz von Betriebssystemen, Middleware, Komponenten, Datenbanksystemen
Kommunikationseinrichtungen	Protokolle (z.B. TCP/IP), Netzwerke (z.B. LAN, WAN), Netzwerkverbindungen (z.B. Bridges, Router, Switches), Internet- und Intranetverbindungen (HTTP/HTML, RMI, CGI etc.)
Schnittstellen/Integration	Zugriff auf andere Datenbanken und Applikationen, Import und Export von Daten
Kompatibilität	Verträglichkeit mit bestehenden Einrichtungen und Peripheriegeräten, Betriebssystemen, Datenbanken, Netzwerken
Sicherheitsanforderungen	Virenschutz, Autorisierungen, Verschlüsselung, Log-in, Berechtigungen für Transaktionen, Datensicherungsperiodizitäten, Aufbewahrungsfristen

20 Funktionale Anforderungen spezifizieren

Name:	**Teilnehmer anmelden**
Identifikation:	UCRB6
Typ:	Basisverlauf
Beschreibung:	Geschäftsstellen senden die Anmeldung ihrer Mitarbeiter zur Teilnahme an angebotenen Seminaren. Der Sekretär erfasst die Anmeldung im System.

Initiator:	Sekretär
Preconditions:	1. Das betreffende Seminar ist ausgeschrieben.
Postconditions:	1. Der Mitarbeiter ist als möglicher Teilnehmer an dem gewünschten Seminar vorgemerkt.
Ablauf:	1. Der Sekretär sucht das gewünschte Seminar im System.
(Skript)	2. Der Sekretär eröffnet eine neue Anmeldung für das Seminar.
	3. Der Sekretär ordnet den Mitarbeiter der Anmeldung zu.
	4. Der Sekretär vervollständigt die Anmeldung mit Anmeldungsdatum, Wunsch auf Zimmerreservierung und eventuellen Bemerkungen.
Bemerkungen:	zu 4. mögliche Bemerkungen zuhanden des Teilnehmers oder für den internen Gebrauch (z.B. Erfüllung von Seminarvoraussetzungen nicht gegeben etc.)
Alternativen:	a1. Eine gemachte Anmeldung muss vor Ablauf der Anmeldefrist geändert werden. Der Sekretär sucht die entsprechende Anmeldung und führt die Änderungen aus.
	a2. Der Teilnehmer oder die Geschäftsstelle annulliert eine Anmeldung vor Ablauf der Anmeldefrist. Der Sekretär kann in diesem Fall die Anmeldung löschen.
Szenarien:	keine
Offene Fragen:	1. Soll das Ausbildungsprofil von Mitarbeitern anhand der absolvierten Kurse gespeichert werden? Annahme: als Erweiterung vorsehen
	2. Soll anhand des Ausbildungsprofils von Mitarbeitern ihre Eignung für den Kurs resp. die Erfüllung der Voraussetzungen zur Teilnahme überprüft werden? Annahme: als Erweiterung vorsehen

Abbildung 26: Use-Case-Beschreibung für die Funktion
"Teilnehmer anmelden" (Fallbeispiel)

Die IT-Funktionen – dargestellt in Modellen (siehe Funktionen-Hierarchie-Diagramm resp. Use-Case-Diagramm) – bedürfen noch einer inhaltlichen Spezifikation. Als Methode zur Beschreibung der Spezifikation setzt sich immer mehr das "Use-Case-Modelling"[30] durch. Danach sollte für jede IT-Funktion (resp. für jeden Use Case) Folgendes beschrieben werden:

Name:	<Kurzbezeichnung des *Use Cases*, auch sein Ziel, meist in der Form Substantiv + Verb>
Bereich:	<Geschäftssystem, für das der *Use Case* beschrieben wird, z.B. "Abteilung Seminarplanung">
Primärer *Actor:*	<hauptsächliche Benutzerrolle, die diesen *Use Case* verwendet, anstösst>
Interessengruppen:	<alle am *Use Case* interessierten Gruppen>
Minimal-Garantien:	<Invarianten, d.h. Bedingungen, die in jedem Fall erfüllt sein müssen>
Erfolgs-Garantien:	<Bedingungen, die erfüllt sein müssen, wenn der *Use Case* erfolgreich ausgeführt wurde>
Auslöser:	<Ereignisse, die den *Use Case* auslösen>
Normalverlauf:	<Hauptszenario, das normalen Verlauf der Interaktion zwischen *Actor* und Sys-tem beschreibt>
1	<Aktivität des *Actors*/Ereignis, resp. Aktivität des Systems/Reaktion>
2	<nächster Schritt>
...	<weitere Schritte>
Erweiterungen:	<Szenarien für Alternativen zu Normalverlauf und Ausnahmen>
1a	<Bedingung, unter der Alternative ausgeführt wird/Ausnahme auftritt>
1a1	<Aktivität des *Actors*/Ereignis resp. Aktivität des Systems/Reaktion>
...	<weitere Schritte>
Häufigkeit:	<Frequenz der *Use-Case*-Verwendung>

(siehe Beispiel in Abbildung 26)

Dabei muss beachtet werden, dass die Spezifikation konsistent mit den bereits vorher festgelegten Ergebnissen wie Geschäftsprozesse, Geschäftsobjektmodell, Zustandsdiagramm und User Interface ist.

---

[30] vgl. Böhm/Fuchs et al. 2002

21 Rahmenbedingungen festlegen

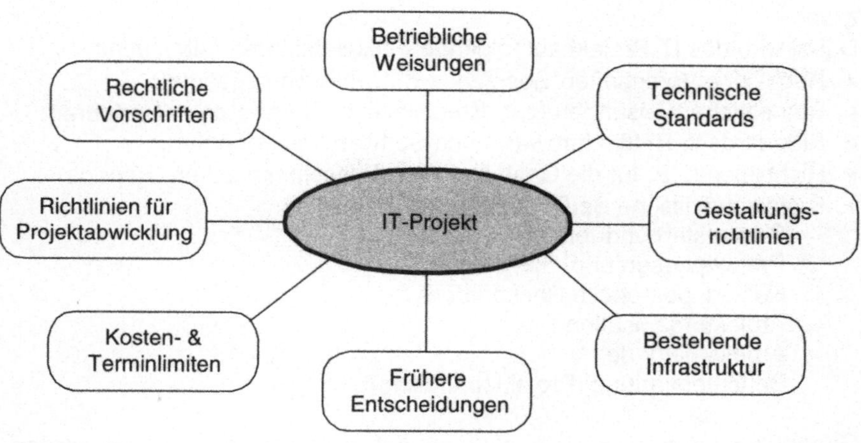

Abbildung 27: Projektspezifische Einflussfaktoren

Neben den bisher besprochenen Anforderungen ist für die Entwicklung oder Beschaffung einer Informatiklösung noch eine Gruppe von weiteren Anforderungen zu berücksichtigen: die so genannten *Rahmenbedingungen.*
Dabei wird das IT-Projekt auf folgende Einflussfaktoren untersucht:
- Rechtliche Vorschriften/Gesetze (z.B. Datenschutzgesetz)
- Betriebliche Weisungen (z.B. Kreditlimiten, interne Kontrollverfahren)
- Standards (z.B. für Hardware- und Softwarekomponenten)
- Richtlinien (z.B. für die Gestaltung von Bildschirmmasken, Reports)
- Projektspezifische Bedingungen und Richtlinien
    - Projektstart und -ende
    - Projektphasen und -meilensteine
    - Kosten, personelle Ressourcen
    - Projektorganisation
    - Arbeitsmethoden
    - Berichterstattung (Projektcontrolling)

Gegebenheiten bzw. Einschränkungen mit zwingendem Charakter werden als Anforderungen festgehalten.

22 Abnahmekriterien formulieren

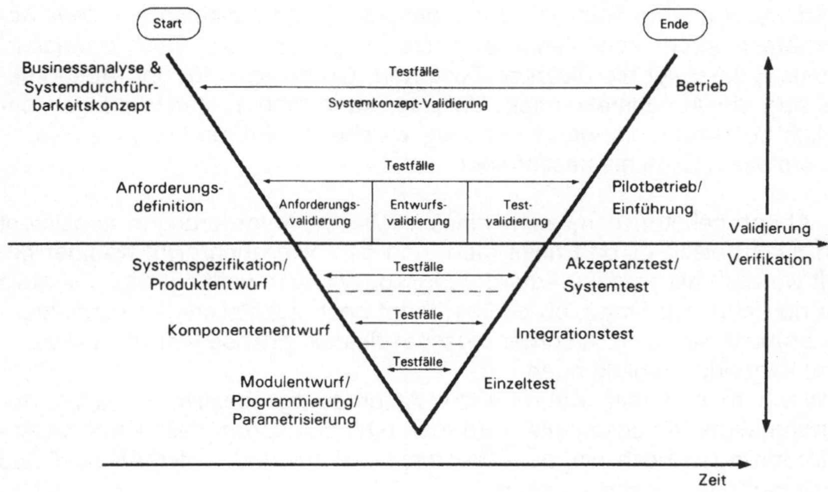

Abbildung 28: Das V-Modell

Anforderungen:	a) Seminarteilnehmer anmelden b) Performance/Antwortzeit	Testfall 1
Initialer Systemzustand:	• System ist online geschaltet • Benutzer ist angemeldet • Benutzer ist berechtigt • Seminar ist im Status "abgesagt" • Bildschirmmaske für Seminarteilnehmer-Anmelden wird angezeigt	
Eingabe/Aktion	• Eingeben der Teilnehmer-Angaben • Drücken des OK-Buttons	
Erwartetes Ergebnis/Ausgabe	• Anzeigen der Fehlermeldung "Seminar ist abgesagt, Anmelden nicht möglich" • Die Fehlermeldung erscheint innerhalb von 2 Sek.	

Abbildung 29: Beispiel eines Testfalls

Vor Inbetriebnahme des neuen Systems muss geprüft werden, ob es die gestellten Anforderungen erfüllt. Dazu wird in der Regel ein so genannter Abnahmetest durchgeführt. Natürlich werden – oder sollte dies zumindest getan werden – im Rahmen der Entwicklung des Systems vor dem Abnahmetest auch noch andere Tests vorgenommen. Das V-Modell[31] (Abbildung 28) zeigt die diversen Testarten. Grundlagen für den Abnahmetest sind die Abnahmekriterien. Darunter kann man Testanweisungen bezüglich der Anforderungen verstehen, welche die Prüfung und Bewertung des erstellten Systems beschreiben.

Die Abnahmekriterien müssen hinsichtlich der Anforderungen konsistent sein. Das heisst, es darf nicht mehr und es sollte auch nicht weniger geprüft werden, als gemäss Anforderungsspezifikation verlangt wird. Da stellt sich nun aber die Frage, ob es überhaupt noch zusätzliche Abnahmekriterien braucht, wenn die Anforderungsspezifikation präzise erstellt wurde. Dazu folgende Bemerkungen:

a) Wenn man bereits während der Anforderungsspezifikation auch Abnahmekriterien beschreibt, wird man u.U. bemerken, dass einzelne Anforderungen noch viel zu vage resp. lücken- und fehlerhaft sind und überarbeitet werden müssen.

b) Durch die Modellierung für eine funktionale Anforderung sind die Details oft in diversen Modellen und Beschreibungen enthalten, so z.B. bei der Funktion "Referentenhonorarabrechnung erstellen"

Die detaillierten Anforderungen sind zu finden in
- der Funktions-(Use-Case-)Beschreibung
- den Geschäftsobjekten (Seminar, Referent, Vertrag)
- den Zustandsdiagrammen der entsprechenden Geschäftsobjekte

Es ist dem Testbeauftragten des Auftraggebers nicht zuzumuten, mit diesen Spezifikationsdokumenten Abnahmetests durchzuführen, daher ist es einfacher, die Abnahmekriterien separat als Testfälle zu definieren.

Als Methoden zur Beschreibung eignen sich Tabellen (siehe Abbildung 29) für Entscheidungstabellen [32].

---

[31] vgl. Dröschel/Wiemers 2000
[32] vgl. Böhm 2001

Tools

23 Tools

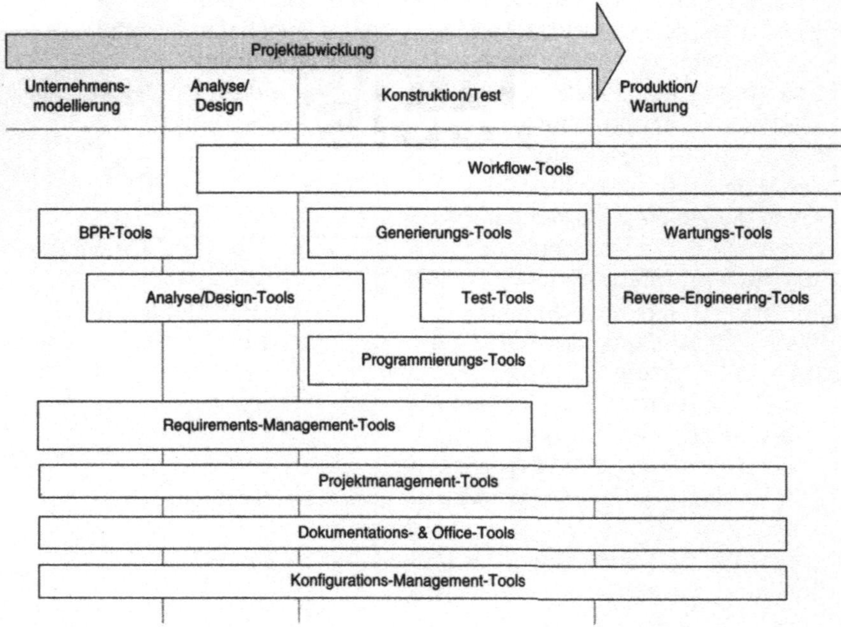

Abbildung 30: Einsatzbereiche von Tools

Die Ergebnisse der Anforderungsspezifikation können grundsätzlich mit sehr einfachen Werkzeugen erstellt werden:

Aus der MS-Office-Suite könnten Word, Excel und Powerpoint resp. Visio verwendet werden. Den Vorteilen, wie geringe Beschaffungskosten, allgemeine Bekanntheit, stehen folgende Nachteile gegenüber:
- Eher mühsames "Zeichnen" von Modellen (z.B. Funktionen-Hierarchie-Diagramm, Geschäftsobjektmodell etc.)
- Keine Konsistenzüberprüfungen
- Keine direkte Vernetzung von Anforderungen
- Keine direkte Nachvollziehbarkeit bei Änderungen
- Schlechte Weiterverwendbarkeit (z.B. zur Generierung von Datenbanken, für User Interfaces oder Testfälle)

Bei grossen, komplexen Projekten sollten daher spezifische Werkzeuge – oft CASE-Tools (Computer Aided Systems Engineering) genannt – eingesetzt werden. Vorteile:
- Modellierung und Simulation von Geschäftsprozessen
- User-Interfaces-Prototyping
- Modellierung und Spezifikation der funktionalen Anforderungen
- Unterstützung bei der Strukturierung, Versionisierung und Änderungsverwaltung
- Export-Schnittstellen zu anderen Tools des Software-Engineerings

In der Praxis werden oft zunächst Werkzeuge für die Modellierung der Geschäftsprozesse sowie so genannte CASE-Tools für die Analyse und Modellierung der funktionalen Anforderungen eingesetzt (die nicht funktionalen Anforderungen werden meistens in Tabellenform beschrieben). Es gibt aber auch spezifische Tools für das Erfassen, Ändern und Verwalten von Anforderungen: die Requirements-Management-Tools.

Vorstellung des Tools "Caliber RM"[33]

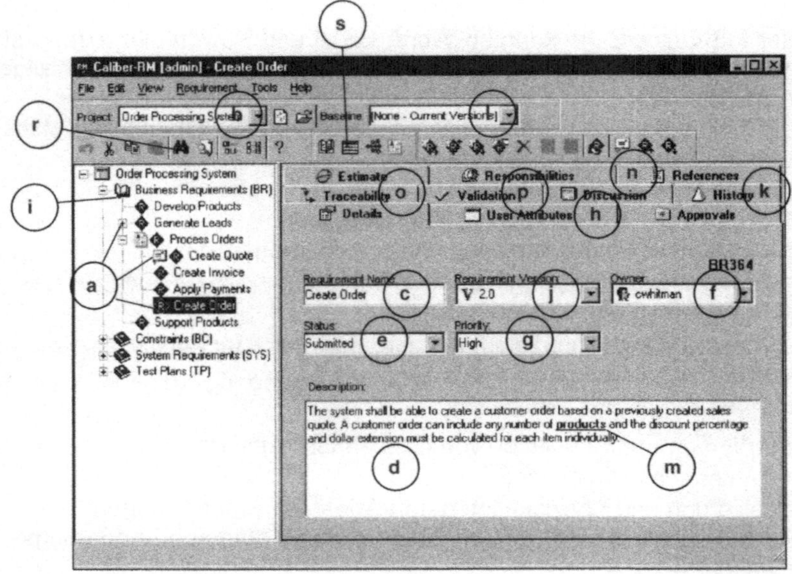

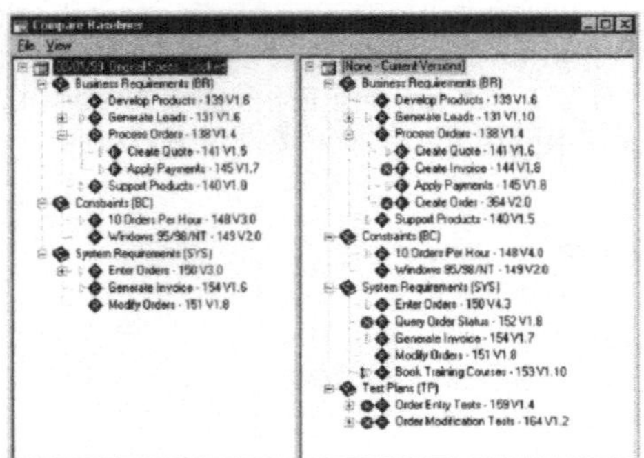

Abbildung 31: Bildschirmansichten aus dem Tool "Caliber RM"

---

[33] www.starbase.com/products

Caliber RM ist ein Werkzeug zur textbasierten Verwaltung von Anforderungen. Es besitzt folgende Eigenschaften (Kleinbuchstaben in Klammern verweisen auf Elemente aus nebenstehender Bildschirmansicht):

- **Verwaltung von Anforderungen** (a)
  pro Projekt (b) in objektorientiertem Repository in C/S-Architektur
- **Definition von Anforderungen**
  mit Anforderungstitel (c), -beschreibung (d), Status (e), Eigner (f) und Priorität (g)
- **Definition individueller Anforderungseigenschaften**
  in sog. *User Attributes* (h)
- **Definition von Anforderungstypen** (i)
  zur Kategorisierung von Anforderungen
- **Hierarchisierung von Anforderungen**
  Anforderungen lassen sich beliebig tief verschachteln (a).
- **Versionisierung** (j) **von Anforderungen**
  mit Historie zur Änderungsrückverfolgung (k) und den Baselines (l)
- **Glossar**
  zur Begriffsdefinition mit automatischer Erkennung (m) von Glossarbegriffen in Anforderungstexten
- **Referenzierung** (n) **von externen Dokumenten/URLs**
  durch Link auf Dokument, inkl. der Möglichkeit, auf ausgewählte Textpassagen in Worddokumenten zu verweisen resp. Anforderungen in Caliber zu generieren
- **Vernetzung** (o) **von Anforderungen**
  durch Definition von Vorläufer-/Nachfolgeranforderungen, aber auch mit Elementen aus anderen Werkzeugen, wie z.B. Select Enterprise (UML-Modellierungs-Werkzeug) und Test Director (Test Management Tool)
- **Definition von Abnahmekriterien** (p)
  zur Überprüfung der Anforderungserfüllung und damit auch als frühzeitige Präzisierung der Anforderungen
- **Diskussionsbeiträge** (q) **zu Anforderungen**
  als Kommentare, organisiert in Diskussionsfäden
- **Suchwerkzeuge** (r) **und Matrixdarstellung** (s)
  Anforderungen können via Suchbegriffe oder auch über Tabellendarstellungen mit Filterfunktionen aufgefunden werden.
- **Dokumentations-Generator**
  zur individuell konfigurierbaren Generierung von Anforderungsdokumenten in Word

Praxis

24 Erfolgsfaktoren/Stolpersteine

In der Praxis wird jedes Projekt etwas Anderes, Einzigartiges sein. Daher sollten das in Abbildung 8 (→ siehe Schritt 6) dargestellte Vorgehensschema und die danach beschriebenen Aktivitäten als Richtlinie, als Modell gelten. Das heisst, dass je nach Projekt bestimmte Aktivitäten weggelassen oder besonders intensiv durchgeführt werden müssen oder dass eventuell zusätzliche, andere Aktivitäten notwendig sind.

Das "Finden" der "richtigen" Vorgehensweise hängt von vielen Kriterien ab:
- von den Rahmenbedingungen
- vom Projektvorgehens-Modell
- von der Grösse/Komplexität des Vorhabens
- von den Risiken, die eingegangen werden
- von evtl. bereits vorliegenden Ergebnissen (Vorprojekt, Machbarkeitsstudien, Business-Process-Reengineering)
- von einer Neuentwicklung oder der Beschaffung einer Standardlösung
- vom Schwerpunkt der Informatiklösung (z.B. eher kaufmännisch oder eher technisch gelagert)
- von der Zusammensetzung des Projektteams (Erfahrungen, Kompetenzen, Team- und Konfliktfähigkeit)

Es lohnt sich sehr, all diese Faktoren bei Projektbeginn genau zu analysieren und das konkrete Vorgehen (Phasen, Aktivitäten, Ergebnisse, Methoden- und Tooleinsatz) für die Anforderungsspezifikation (sowie auch für die anschliessenden Projektphasen) festzulegen. Zu hastiges, unüberlegtes Vorgehen zu Beginn des Projekts/der Anforderungsspezifikation kann sich als sehr ungünstig erweisen. Korrekturmassnahmen werden nur mühsam und aufwendig durchzuführen sein.

Abklärung der Machbarkeit

Im Vorfeld oder im Rahmen der Anforderungsanalyse empfiehlt es sich bei grossen Vorhaben dringend, eine Machbarkeitsstudie zu erstellen. Diese kann bspw. dazu dienen, Prototypen kritischer Softwarekomponenten und der Benutzerführung zu erstellen. Hinsichtlich der Projektdefinition sollten die eindeutigen Ziele und voraussichtlichen Kosten des Entwicklungsprojekts jetzt festgelegt sowie die Wirtschaftlichkeit prognostiziert werden. Die Machbarkeit sollte dabei generell von verschiedenen Seiten beleuchtet werden. Es ist wichtig, die Fragestellungen kritisch und nicht wohlwollend anzugehen. Erfahrungen zeigen immer wieder, dass komplexe Entwicklungsprojekte zu Beginn zu positiv eingeschätzt resp. unterschätzt werden.

Technische Machbarkeit	• Übersteigen die Geschwindigkeitsanforderungen die Fähigkeiten der Zielplattform? • Sind die Rechnerkapazitäten mit den Datenmengen überfordert? • Sind die Netzwerkkapazitäten mit dem Transaktionsvolumen überfordert?
Algorithmische Machbarkeit	• Sind geeignete Rechenverfahren verfügbar? • Bestehen ernst zu nehmende Hinweise, dass ein geeignetes Rechenverfahren zu schwierig zu entwickeln ist? • Bestehen geeignete Rechenverfahren, die aber heutige verfügbare Rechner überfordern?
Bedienbarkeit	• Lässt sich das System so entwerfen, dass der Benutzer die Komplexität verstehen und kontrollieren kann? • Erreicht der Benutzer mit der Bedienung eine genügend grosse Verarbeitungsgeschwindigkeit?
Migration	• Lässt sich das System über geeignete Schnittstellen in die Zielumgebung integrieren? • Besteht die Möglichkeit, das System ohne Gefährdung des Betriebs zu migrieren? • Lässt sich das System in der Produktionsumgebung testen?
Zeitliche Machbarkeit	• Lässt sich das System innerhalb einer vertretbaren Zeitspanne entwickeln? • Sind Konkurrenzentwicklungen bekannt, die die Wirtschaftlichkeit bei Zeitverzögerungen massiv beeinträchtigen?
Wirtschaftliche Machbarkeit	• Lässt sich der Nutzen des Systems quantifizieren, um dessen Wirtschaftlichkeit bestimmen zu können? • Sind die Kosten im Vorfeld genügend genau bekannt? • Könnte eine Veränderung der Kostenparameter das Entwicklungsprojekt zum Scheitern bringen?

Projektvorgehens-Modelle

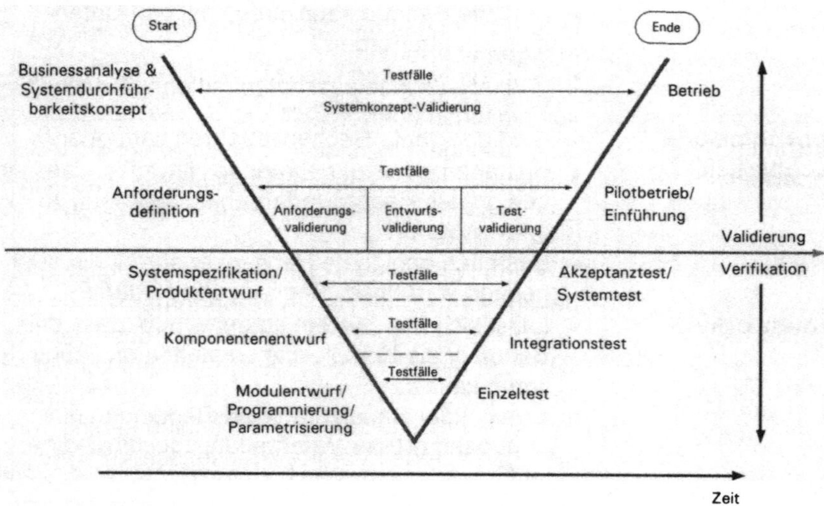

Abbildung 32: Das V-Modell[34]

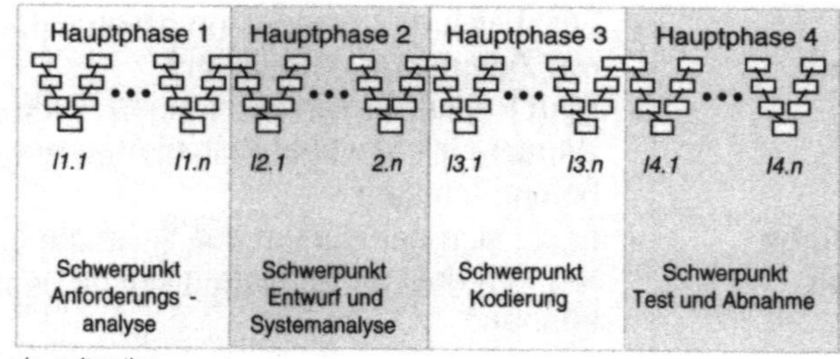

Abbildung 33: Schema eines iterativen Vorgehensmodells

---

[34] vgl. Dröschel/Wiemers 2000

Vorgehensmodelle für Informatiklösungen

Angesichts der negativen Erfahrungen mit Informatikprojekten in den letzten Jahrzehnten wurde eine Reihe standardisierter Vorgehensmodelle entwickelt, um die Projekte steuerbar und deren Risiken kontrollierbar zu machen. Als generisches Basismodell hat sich dabei das wegen seiner grafischen Abbildung so genannte V-Modell (siehe nebenstehende Abbildung 32) etabliert. Das Grundprinzip des V-Modells ist die Einteilung des Projekts in (durch Eingaben, Tätigkeiten und Ergebnisse) exakt definierte Phasen, die streng sequenziell abgearbeitet werden. Die Phasen auf dem absteigenden Ast des "V" dienen dabei der Leistungsdefinition der zu erstellenden Lösung, während die Phasen des aufsteigenden Asts der Überprüfung der korrekten Umsetzung dieser Definitionen dienen. Je weiter unten eine Phase im V-Modell angesiedelt ist, umso technischer sind die dort ausgeführten Tätigkeiten und Ergebnisse. Die strenge Sequenzialität des V-Modells – also Start einer Phase nicht vor Abschluss der vorhergehenden – ist eine Forderung, die nur unter idealen Bedingungen eingehalten werden kann. Effizienzüberlegungen beim Einsatz der finanziellen, personellen und vor allem zeitlichen Mittel führen in Informatikprojekten in der Regel dazu, Tätigkeiten auf die Möglichkeit der parallelen Bearbeitung hin zu analysieren und ein entsprechendes Vorgehensmodell zu entwerfen. Solche inkrementell (wegen des inkrementellen Reifens der Ergebnisse) und iterativ (wegen des wiederholten Einsatzes einer fixen Vorgehensweise) genannten Vorgehensmodelle wurden speziell in den 1990er-Jahren entwickelt und sind heute vor allem durch den "Rational Unified Process" weit verbreitet und etabliert.

Der Gesamtablauf beim iterativen Vorgehensmodell wird in mehrere Hauptphasen gegliedert, die jeweils der Bearbeitung eines Schwerpunkts dienen. Das V-Modell wird dabei derart eingesetzt, dass es in jeder dieser Hauptphasen wiederholt komplett oder gegebenenfalls auch teilweise durchlaufen wird. Die Anzahl der Wiederholungen wird durch eine der Aufgabenstellung angemessene Iterationsplanung bestimmt. Nach Ablauf einer Iteration wird allerdings kein Anspruch auf die Vollständigkeit der Ergebnisse erhoben, sondern es wird für jeden Durchlauf der zu erreichende Reifegrad der Ergebnisse geplant. Mit wachsender Anzahl Iterationen verlagert sich dabei der Schwerpunkt der Tätigkeiten entlang des V-Modells. Bezogen auf die Erstellung von Anforderungen bedeutet dies, dass die Anforderungsanalyse in den ersten Iterationen sehr grosse Bedeutung hat, während sie in den letzten Iterationen nur noch zur Bestimmung aktueller und eventuell notwendiger Änderungen der Anforderungen herangezogen wird.

Häufige Probleme des Requirements Engineerings

Start des Requirements Engineerings

- Teilnehmer tendieren zur Verschiebung wichtiger Übereinkünfte und Entscheidungen, die zu Beginn noch nicht akut sind, aber für den Erfolg des Requirements Engineerings grosse Bedeutung haben.
- Wenn bereits bei Projektbeginn eine fehlende Kompromissbereitschaft für Vereinbarungen erkennbar ist, sollte die generelle Fähigkeit des Teams zur Zusammenarbeit infrage gestellt werden.
- Die Aufteilung der Kosten des Requirements Engineerings – z.B. zwischen Kunde und Lieferant – sollte vor Beginn geklärt werden, damit diese nicht zum bestimmenden Faktor dieser Projektphase werden.

Erfassung der Anforderungen

- Die Identifizierung aller möglichen Interessengruppen ist schwierig, hat aber eine grosse Bedeutung. Treten nach Abschluss des Requirements Engineerings neue Gruppen als Quelle von Anforderungen auf, werden bereits durchgeführte Planungen eventuell ungültig.
- Analytiker und Berater können Anforderungen aus ihrem eigenen Wissen beitragen. Da sie aber nur vermitteln, treten sie nie als eine Interessengruppe für Anforderungen auf.
- Die Identifikation von Fragen, die während der Anforderungsanalyse noch nicht geklärt werden können, hat einen grossen Einfluss auf die Systementwicklung und die damit verbundenen Risiken. Diese Arbeit darf nicht auf später verschoben werden.
- Anforderungen werden mit einem unterschiedlichen Grad an Genauigkeit formuliert, sodass die Kosten und die Risiken für deren Realisierung nicht gleichermassen gut bestimmt werden können.
- Technisch ausgebildete Teilnehmer tendieren dazu, fertige Lösungen für ein System in die Anforderungsanalyse einzubringen. Es besteht dabei die Gefahr, zu früh eine spezielle Variante aus der Menge möglicher Lösungen zu bevorzugen.

Spezifikation der Anforderungen

- Technisch orientierte Personen neigen zur Spezifikation von Anforderungen, die einem System eine grössere Funktionsvielfalt verleihen, vom Kunden aber gar nicht gewünscht werden.
- Die Notationsform, sei es eine natürliche oder eine formelle Sprache, ist problematisch, wenn die Autoren nicht mit deren Anwendung oder die Leser nicht mit deren Bedeutung vertraut sind. Einfache und konzise Formulierungen sind deswegen eine absolute Notwendigkeit.
- Im Interesse einer guten Testspezifikation ist eine Quantifizierung aller Anforderungen unabdingbar. Scheint dies zu komplex zu sein, so sind in der Regel die Anforderungen zu allgemein formuliert.

- Bei der Spezifikation von Anforderungen werden oft relative Begriffe wie "optimal", "verbessern" oder "erhöhen" verwendet. Solche Begriffe müssen durch absolute, messbare Grössenangaben ersetzt werden.
- Bei der Anforderungsanalyse sind viel mehr Informationen verfügbar, als später dokumentiert werden. Es sollte daher darauf geachtet werden, dass eine Anforderung für sich alleine verständlich ist oder eine Referenz auf die Quellen der notwendigen Informationen enthält.

Dokumentation

- Die erstellten Systembeschreibungen wie Status-, Klassen- oder Flussdiagramme sollten das System nicht auf einer zu technischen Ebene dokumentieren, sondern eine allgemein verständliche Übersicht bieten.
- Die Bedeutung und das Risiko einer Anforderung können in einem unausgewogenen Verhältnis stehen. Nur wichtige Anforderungen dürfen jedoch auch hohe Risiken und Kosten mit sich bringen.
- Enthält ein Anforderungskatalog viele Anforderungen mit eher geringer Bedeutung, so ist dies ein Hinweis darauf, dass das zu entwickelnde System mit unnötigen Merkmalen überfrachtet wird.
- Bei der Erstellung von Anforderungskatalogen für grosse Systementwicklungen arbeiten meistens mehrere Teams parallel. Durch die unterschiedliche Arbeitsweise kann es dann zu variierenden Reifestufen der jeweiligen Teilbereiche des Dokuments kommen.

Abnahme

- Die Präsentation der Anforderungen zum Zweck der Abnahme sollte nicht zu sehr auf technische Einzelheiten eingehen. Die Abnahme des Anforderungskatalogs erfolgt durch Personen, die eine Systementwicklung primär nach ihrer Wirtschaftlichkeit und Rentabilität beurteilen.
- Um eine (scheinbare) Verzögerung des Starts der Systemproduktion zu vermeiden, besteht die Gefahr, dass der Anforderungskatalog vom Auftraggeber trotz bekannter substanzieller Mängel abgenommen wird. Der Auftragnehmer sollte in jedem Fall versuchen, eine solche Abnahme zu verhindern und auf einer Verlängerung der Requirements-Engineering-Phase bestehen.

Anhang: Fallbeispiel "Seminarorganisation"
Ausgangslage/Szenario
Allgemeines

Die Firma BETA AG (eine Handels- und Dienstleistungs AG) beschäftigt in allen Regionen der Schweiz insgesamt rund 5500 Mitarbeiter. Die unterschiedlichen Dienstleistungen führen dazu, dass gegen 30 verschiedene Berufsbilder anzutreffen sind.

Die Mitarbeiter der BETA AG werden an internen und externen Seminaren optimal weitergebildet. Diese kostenaufwendige Mitarbeiterausbildung erlaubt es der Geschäftsleitung, neue Dienstleistungen ins Angebot aufzunehmen oder auch rechtzeitige Anpassungen an die Marktsituation vorzunehmen. Heute werden pro Jahr rund 450 Seminare durchgeführt. Im Seminarangebot finden sich rund 40 Kurstypen.

Ist-Zustand

Für die Aus- und Weiterbildung ist heute eine Abteilung am Hauptsitz in Bern zuständig. Zu deren hauptsächlichen Aufgaben gehören die Seminarplanung und -ausschreibung, Seminaranmeldung, Seminarkostenverrechnung (an Geschäftsstellen) sowie das Vergüten der Referentenhonorare. Alle Aufgaben werden bis heute mit PCs (Office-Palette) erledigt.

Aufbauorganisation

Die Abteilung "Ausbildung" hat sich wie folgt organisiert:

- Leitung (1 Person)
- Kursplanung (3 Personen)
- Sekretariat (3 Personen)
- Seminaradministration (3 Personen)

Die Abläufe und Tätigkeiten sind nicht prozessbezogen dokumentiert; es ist praktisch alles "in den Köpfen" gespeichert, was sich bei Absenzen z.T. negativ auswirkt.

Seminarplanung

Zweimal jährlich werden die Seminare – aufgrund des Seminarbedarfs der Geschäftsstellen – neu geplant und festgelegt. Dabei werden zunächst die Seminardaten (Kursbeschreibung, -dauer etc.) bestimmt resp. bei bestehenden Seminaren aktualisiert. Danach werden die Referenten gesucht/angefragt und mittels eines *"Referentenvertrags"* verpflichtet. Dabei wird auch das Seminardatum (von – bis) definitiv festgelegt.

Es folgt das Zuteilen der Seminarräume. Anschliessend wird die Seminarbroschüre erstellt und den Geschäftsstellen zugestellt (1500 Exemplare). Zum Abschluss der Seminarplanungstätigkeit wird die Seminardatei nachgeführt/bereinigt.

Aufgrund mangelnder Statistiken und Auswertungen werden nicht immer die richtigen Seminare zur richtigen Zeit geplant.

Sekretariat

Die Seminaranmeldungen werden vom Sekretariat entgegengenommen und – je nach personeller Auslastung – mehr oder weniger rasch bearbeitet. Da kann es schon mal vorkommen, dass Anmeldungen einige Tage liegen bleiben oder sogar verloren gehen.
Den Geschäftsstellen fehlen aktuelle Informationen über den Anmeldestand der ausgeschriebenen Seminare (welches Seminar ist bereits ausgebucht? wo hat es noch freie Plätze?).

Nach Ablauf der Anmeldefrist – 6 Wochen vor Seminarbeginn – werden die Anmeldebestätigungen (zuhanden der Geschäftsstellen) erstellt und verschickt. Dabei werden von jedem Teilnehmer die Personalien – sofern diese noch nicht in der Teilnehmerdatei enthalten sind – erfasst. Für den Referenten wird eine Teilnehmerliste erstellt.
Absagebriefe müssen verfasst werden, wenn das Seminar mangels Interesse nicht durchgeführt wird oder wenn zu viele Anmeldungen vorliegen. Dann werden die Anmeldungen aufgrund des Anmeldedatums selektiert.
Etwa 3 Wochen vor Seminarbeginn werden zudem das Rahmenprogramm, die Teilnehmerliste und allfällige Unterlagen betreffend Vorbereitungsarbeiten an die Seminarteilnehmer verschickt.

Aufgrund von Personalmutationen (Ein-/Austritte, Abteilungswechsel etc.) in den Geschäftsstellen gibt es immer wieder Probleme mit Adressen und Personenangaben.

Seminaradministration

Periodisch – in der Regel einmal im Monat – werden die abgeschlossenen Seminare aus der Seminardatei herausgesucht. Anhand dieser Unterlagen werden danach aus der Teilnehmerdatei und der Teilnehmerliste die effektiven Seminarteilnehmer ermittelt und nach Geschäftsstellen sortiert.
Es folgt das Erstellen der Seminarausweise, die den Teilnehmern zugestellt werden. Anschliessend wird pro Geschäftsstelle ein Seminarkostenbeleg erstellt, der für die Verrechnung an das zentrale Rechnungswesen weitergeleitet wird. Diese Tätigkeiten sind eher mühsam und arbeitsintensiv. Da kann es schon mal vorkommen (bei Ferien, Absenzen etc.), dass man 2, 3 Monate verspätet abrechnet.

Referenten

Die Kursreferenten rekrutieren sich mehrheitlich aus den BETA-eigenen Reihen. Sie sind aber nicht von der Ausbildungsabteilung angestellt. Für Kurse mit speziellen Themen werden in der Regel externe Referenten engagiert.

Während des Seminars führt der Referent eine Anwesenheitskontrolle durch. Dabei trägt er auf der Teilnehmerliste einen Vermerk ein. Die Liste dient als Nachweis für den Seminarbesuch und geht zurück an die Seminaradministration, von wo aus Kopien an die betreffenden Geschäftsstellen verschickt werden.

Die Administration erstellt für jeden externen Referenten monatlich eine Honorarabrechnung für die durchgeführten (= abgeschlossenen) Kurse. Dabei wird der Bank ein entsprechender Vergütungsauftrag zugestellt.

Neubau des Ausbildungszentrums "Rigiblick"

Die BETA AG wird in ca. 15 Monaten ein neues, zentrales Ausbildungszentrum namens "Rigiblick" – inmitten einer Parklandschaft auf einer Sonnenterrasse in der Innerschweiz gelegen – in Betrieb nehmen können. In diesem Ausbildungszentrum können gleichzeitig bis zu 150 Mitarbeiter in max. 12 Seminaren geschult werden.

"Rigiblick" wird auch einen Wohntrakt mit 150 Einzelzimmern umfassen nebst gemütlichen Aufenthaltsräumen. Eine eigene Mensa wird für das leibliche Wohl der Seminarteilnehmer besorgt sein.

15 Seminarräume – ausgestattet mit modernsten Hilfsmitteln – werden bereitstehen.

Im Hinblick auf die Inbetriebnahme des Ausbildungszentrums hat die Geschäftsleitung beschlossen, ein EDV-System zu entwickeln.

Epilog

Das von den Autoren geschilderte Vorgehen benötigt einiges an Zeit und Ressourcen in einer frühen Projektphase. Wird dieser Aufwand aber geleistet, so führt dies zu einer Beschleunigung im weiteren Projektverlauf und verbessert sowohl die Planung wie auch die Produktqualität.

Requirements Engineering durchdacht, geplant und konsequent umgesetzt, erhöht die Chance auf einen Projekterfolg und ist somit ein wesentlicher Beitrag zur Qualitätssteigerung in der Softwareindustrie. Know-how und Erfahrung in diesem Bereich werden schon bald zu den Schlüsselqualifikationen von am Markt erfolgreichen Unternehmen der betreffenden Branche zählen.

Selbstkontrolle: Requirements Engineering in 24 Schritten

Mit nachfolgenden Fragen haben Sie die Möglichkeit, selbst zu testen, ob Sie Requirements Engineering in 24 Schritten verstanden haben. Die Antworten können jeweils aus den entsprechenden Beschreibungen aus dem Band entnommen werden. (Die Fragenummern stimmen mit den Nummern der Schritte im Band überein.) Viel Spass!

Begriff

1. Was ist der Unterschied zwischen Ziel und Anforderung?
2. Welche Ziele werden durch Requirements Engineering verfolgt?

Ideen und Techniken

3. Auf welche Qualitätsmerkmale sollten bei der Formulierung von Zielen geachtet werden?
4. Welche Qualitätsmerkmale sollten "gute" Anforderungen erfüllen?
5. Welche Techniken unterstützen die Formulierung von Zielen & Anforderungen?
6. Welche Abschnitte (Phasen) enthält das Vorgehensschema des Requirements Engineerings?

Vorgehen

7. Was ist der Zweck der Interessengruppenanalyse?
8. Was ist der Zweck der Arbeitsanalyse?
9. Wie können die IT-Schwachstellen grafisch dargestellt werden?
10. Welches sind die Vorgehensschritte bei der Zielformulierung?
11. Welche Ergebnisse werden bei der Analyse/Modellierung der Prozesse erzeugt?
12. Was bedeutet Lofi-Prototyping ?
13. Wie kann der IT-Bedarf gewichtet werden?
14. Wie können die IT-Funktionen grafisch dargestellt werden?
15. Welches sind die Ergebnisse der Geschäftsobjektanalyse?
16. Was ist der Zweck einer Zustandsanalyse?
17. Welches sind die Ergebnisse der User Interface Definition?
18. Was kann aus einer QFD-Matrix herausgelesen werden?
19. Welche Bereiche gehören zu den technischen Anforderungen?
20. Welche Inhalte umfasst eine Use-Case-Beschreibung?
21. Welche Aspekte zählen zu den Rahmenbedingungen?
22. Welche Bedeutung haben die Abnahme-Kriterien?

Tools

23. Welche Vorteile kann der Einsatz von CASE-Tools bringen?

Praxis

24. Welches sind die Erfolgsfaktoren/ Stolpersteine des Requirements Engineerings?

Glossar

Anforderung	Eine Anforderung ist eine Fähigkeit oder Eigenschaft, die ein System besitzen muss, um formulierte Ziele erreichen zu können. Mit den Anforderungen legen wir fest, was ein System leisten und welche Qualität es besitzen muss.
Engineering	Wissenschaft und Technik der Rationalisierung von Arbeitsprozessen in der Industrie. Wichtig ist, dass innerhalb des Requirements Engineerings jede Aktivität und jedes Ergebnis begründbar und nachvollziehbar sein muss.
Erfolgsfaktor	Aspekt, der wesentlich zum Gelingen eines Vorhabens beiträgt.
Funktion	Zweckgerichtete Tätigkeit eines Systems. IT-Funktionen sind typischerweise Systemleistungen als Reaktion auf bestimmte Ereignisse.
Geschäftsobjekt	Alle Arten von Dingen, Gegenständen, Konzepten, die im zu betrachtenden Geschäftsfeld von Bedeutung sind und als abgegrenzte Einheiten angesehen werden können.
Prozess	Ein Prozess beinhaltet eine Menge von Aufgaben, die in einer festgelegten Ablauffolge ausgeführt werden müssen. Er beeinflusst die Wettbewerbsposition eines Unternehmens langfristig und nachhaltig. Die Wertschöpfung des Prozesses besteht aus Leistungen an interne und externe Empfänger (Prozesskunden). An einem Prozess können mehrere Organisationseinheiten beteiligt sein.
Qualität	Güte, die von einem Produkt oder einer Leistung erwartet wird. Qualität ist nicht absolut, sondern relativ in dem Sinn, dass das Mass der Güte durch die Erfüllung der gestellten Anforderungen bestimmt wird.
Requirement	Bedarf im Sinn eines Ziels oder einer Anforderung. Oft wird von *Business Requirements* für Ziele oder Anforderungen an die organisatorische Geschäftsabwicklung und von *System Requirements* für Anforderungen an technische Systeme gesprochen.
Technik	Massnahmen, Einrichtungen und Verfahren, die dazu dienen, die Erkenntnisse der Wissenschaft für den Menschen praktisch nutzbar zu machen.
Tool	Werkzeug, das im hier verwendeten Sinn zur Unterstützung einer Technik und Erzeugung eines formal vordefinierten Resultats eingesetzt wird.
Ziel	Ein Ziel ist ein Zustand, den man erreichen will. Ziele sollten sich auf ein Zielobjekt beziehen und einen Nutzen deutlich machen. Mit den Zielen legen wir fest, was erreicht werden soll bzw. muss.

Literaturverzeichnis

Balzert H. 2001
   UML kompakt mit Checklisten, Heidelberg, Spektrum Akad. Verlag,
   ISBN 3-8274-1054-1

Beyer H., Holtzblatt K. 1997
   Contextual Design: A Customer-Centered Approach to Systems Designs,
   Morgan Kaufmann Publishers

Böhm R., Wenger S., 2001
   Methoden und Techniken der System-Entwicklung, 4. Auflage, Zürich, vdf
   Hochschulverlag AG, ISBN 3-7281-2741-8

Böhm R., Fuchs E. et al. 2002
   System-Entwicklung in der Wirtschaftsinformatik, 5. Auflage, Zürich, vdf
   Hochschulverlag AG, ISBN 3-7281-2762-0

Böhm R., Fuchs E., Pacher G. 1996
   System-Entwicklung in der Wirtschaftsinformatik, 4. Auflage, Zürich, vdf
   Hochschulverlag AG, ISBN 3-7281-2264-5

Böhm R., Wenger S. 1996
   Methoden und Techniken der System-Entwicklung, 2. Auflage, Zürich, vdf
   Hochschulverlag AG, ISBN 3-7281-2265-3

Dröschel W., Wiemers M. (Hrsg.) 2000
   Das V-Modell 97, München, Oldenbourg, ISBN 3-486-25086-8

Dunckel H., Volpert W. 1993
   Kontrastive Aufgabenanalyse im Büro – Der KABA-Leitfaden (Mensch
   Technik Organisation, Band 5a und 5b), Zürich, vdf Hochschulverlag AG,
   ISBN 3-7281-1975-X

Glinz M., 2001 und 2002
   Requirements Engineering – Grundlagen und Überblick, Kursskript, Institut
   für Informatik der Universität Zürich (http://www.ifi.unizh.ch/req/ftp/RE-
   Grundl_u_Ueberblick.pdf)

Gomez P., Probst G. 1995
   Die Praxis des ganzheitlichen Problemlösens, Bern, Haupt,
   ISBN 3-258-05187-9

Haberfellner et al. 1997, Hrsg. Daenzer W.F./Huber F.
   Systems Engineering – Methodik und Praxis, 9. Auflage, Zürich, Orell Füssli
   Verlag, ISBN 3-85743-986-6

Hacker W., Fritsche B. 1995
   Tätigkeitsbewertungssystem (TBS) – Verfahren zur Analyse, Bewertung
   und Gestaltung von Arbeitstätigkeiten, Zürich, vdf Hochschulverlag AG,
   ISBN 3-7281-2079-0

Herzwurm G. et al. 2000
Joint Requirements Engineering, Braunschweig, Friedr. Vieweg & Sohn
Verlagsgesellschaft, ISBN 3-528-05736-X

Kaneo K. 1994
Funktionenanalyse – Der Schlüssel zu erfolgreichen Produkten und Dienst-
leistungen, Landsberg, Verlag moderne industrie,
ISBN 3-478-91110-9

Lercher H.J. 2000
Wertanalyse an Informationssystemen, Wiesbaden, Dt. Universitätsverlag,
ISBN 3-8244-0520-2

Microsoft Windows User Experience, 2000
Official Guidelines for User Interface Developers and Designers, Microsoft
Press (www.microsoft.com)

Oesterreich R., Volpert W. 1991
VERA Version 2. Arbeitsanalyseverfahren (Forschungen zum Handeln in
Arbeit und Alltag Band 3), Berlin, Technische Universität

Oesterreich B. 2001
Objektorientierte Softwareentwicklung – Analyse und Design mit der Unified
modeling language, 5. Auflage, München, Oldenbourg,
ISBN 3-486-25573-8

Partsch H. 1998
Requirements Engineering systematisch, Berlin, Springer-Verlag,
ISBN 3-540-64391-5

Patzak G., Rattay G. 1998
Projekt Management, 3. Auflage, Wien, Linde Verlag, ISBN 3-85122-757-3

Rupp Ch. 2001
Requirements Engineering und -Management, München, Carl Hanser Verlag, ISBN 3-446-21664-2

Schnetzer R. 1999
Workflow-Management – kompakt und verständlich, Braun-
schweig/Wiesbaden, Vieweg/Gabler Verlag, ISBN 3-528-05718-1

Staud J. 2001
Geschäftsprozessanalyse, 2., überarb. und erw. Auflage, Berlin, Springer-
Verlag, ISBN 3-540-41461-4

Texas Instrument, 1990
Einführung in das Information Engineering unter Verwendung des IEF, 2.
Auflage, Texas Instruments Inc.

Wallmüller E. 2001
Software-Qualitätsmanagement in der Praxis, 2. Auflage, München, Carl
Hanser Verlag, ISBN 3-446-21367-8

www.img.com

www.starbase.com/products

Stichwortverzeichnis

Weitere Titel aus dem Programm

Andreas Heck
Projektkompass Knowledge Management (Arbeitstitel)
Implementierung, Beispiele und Tools für eine erfolgreiche Praxis
2002. ca. 300 S. mit 82 Abb. Geb. ca. € 49,90   ISBN 3-528-05764-5
Inhalt: IT-unterstütztes Knowledge Management im Kontext Technik,
Organisation, Mensch - Phasenmodell einer KM-Implementierung
(Problemidentifikation und Zieldefinition, Situationsanalyse und
Bestandsaufnahme, Konzeption und Umsetzungsplanung, Umsetzung
und Projektmanagement, Monitoring und Review) - Methoden,
Praktiken, Checklisten, Anforderungskataloge - Unternehmensinterne
Helpdesks - Referenzprojekte - Vergleich ausgewählter Knowledge
Management-Tools

Rolf Franken/Andreas Gadatsch (Hrsg.)
Integriertes Knowledge–Management (Arbeitstitel)
Konzepte, Methoden, Instrumente und Fallbeispiele
2002. ca. XIV, 280 S. mit 74 Abb. Geb. ca. € 49,90 ISBN 3-528-05779-3
Inhalt: Knowledge-Management - Wissens-Management - Workflow-
Management - Portale - Data-Mining - Agenten - Data-Warehousing -
Ontologien - Customer-Relationship-Management (CRM) - Supplier-
Relationship-Management (SRM)

Hans Jochen Koop/K. Konrad Jäckel/Anja L van Offern
Erfolgsfaktor Content Management
Vom Web Content bis zum Knowledge Management
2001. XVI, 289 S. mit 17 Abb. (Zielorientiertes Business Computing,
hrsg. von Fedtke, Stephen) Geb. € 49,00   ISBN 3-528-05769-6